水産学シリーズ

123

日本水産学会監修

水産養殖とゼロエミッション研究

日野　明徳
丸山　俊朗　編
黒倉　　寿

1999・10

恒星社厚生閣

ま え が き

今世紀後半において，水産養殖は不断の技術開発に支えられて目覚ましい発展を遂げてきた．しかしその一方で，環境への負荷低減に対する取り組みが，平行して，かつ十分に行われてきたとは言い難い．今日，すべての人間活動が環境との調和を求められるなか，水産養殖においても環境へのさまざまの物質の排出についてより深く問題意識をもち，それらを系外に出さない「ゼロミッション」に向けて努力することが求められている．

このような背景から，日本水産学会水産環境保全委員会では，平成 11 年度春季大会において，養殖由来の環境負荷量とその低減をめぐる内外の情勢を紹介し，さらにわが国における技術展開と，この目標にもっとも適うと考えられる循環式養殖法の最新情報について論議するためシンポジウムを開催した．

水産養殖における環境負荷低減研究－閉鎖系養殖の完全循環化をめざして－
企画責任者　日野明徳（東大農）・丸山俊朗（宮崎大工）・
　　　　　　黒倉　寿（東大農）

開会の挨拶		丸山俊朗（宮崎大工）
Ⅰ．養魚排水の現状と環境への負荷	座長	日野明徳（東大農）
1．養魚排水の現状　量・濃度と環境への負荷		丸山俊朗（宮崎大工）
2．養魚排水の環境影響低減への施策		中里　靖（水産庁）
3．負荷低減研究における国際情勢		守村慎次（国際養殖産業会）
Ⅱ．環境負荷低減への技術	座長	丸山俊朗（宮崎大工）
1．水処理技術を応用した養魚排水の処理		工藤飛雄馬（岩手県内水面水産技術センター）
2．堆積物回収による負荷低減		熊川真二（長野水試）
3．循環型養殖によるクローズド化		
1）循環型養殖の技術目標		菊池弘太郎（電力中央研）
2）生物特性からみた循環型養殖と感染症の防除		杉田治男（日大生物資源）
Ⅲ．循環型養殖の展開	座長	黒倉　寿（東大農）
1．ヒラメ		岩田仲弘・菊池弘太郎（電力中央研）

2．ウナギ　　鈴木祥弘・丸山俊朗（宮崎大工）

3．ニジマス

1）中間育成　　細江　昭（長野水試）

2）養　　成　　寺尾俊郎（北海道内水面漁連）

Ⅳ．総合討論　　座長　日野明徳（東大農）

丸山俊朗（宮崎大工）

黒倉　寿（東大農）

閉会の挨拶　　日野明徳（東大農）

本シンポジウムは，水産環境保全委員会提案のシンポジウムとして，平成 11 年 4 月 5 日に開催されたものである．この種のシンポジウムは，わが国では最初のものであるが，企画立案時の一抹の不安をよそに，参加者の活発な質疑・討論により，盛会裏に終了することができた．これは出席者の多くが，養殖業が極めて重要であるものの大きな負荷源となっていることを深く認識し，その低減に強い意欲を有していて，経済合理性の高い技術開発が急務であるという共通認識があったためと考えることができる．わが国の負荷低減研究は活発化しつつあり，シンポジウムの成果をまとめた本書『水産養殖とゼロミッション研究』の刊行を機に研究の一層の広がりと進展を願う次第であります．

終わりに，本シンポジウムの開催ならびに本書の出版にあたり，種々ご配慮を賜った日本水産学会の関係各位ならびに恒星社厚生閣の担当各位に厚くお礼を申し上げます．

平成 11 年 6 月

日野明徳　（東大農）

丸山俊朗　（宮崎大工）

黒倉　寿　（東大農）

水産養殖とゼロエミッション研究　目次

Reduction of environmental emissions from aquaculture

Edited by Akinori Hino, Toshiroh Maruyama, and Hisashi Kurokura

I．養殖排水の現状と環境への負荷

1．養魚排水の量・濃度と環境への負荷

丸　山　俊　朗 [*1]

現行の主な養殖形態は，海面・内水面網生け簀養殖や注水の大部分を放流する流水式養殖などの養殖排水を環境へ直接的に排出する「開放式（the open style）」と，飼育水を処理しつつ循環し，一部換水（すなわち排水）を伴う「循環式（the recirculating style）」に大別される．開放方式の養殖はいうまでもなく，換水を伴う多くの循環式の場合にも，養殖排水を未処理のまま，あるいはわずかに処理して排出しており，いずれの養殖方式においても環境に配慮した負荷削減対策の程度は低いといわざるを得ない．一方で養殖排水が公共用水域への栄養塩の少なからぬ供給源になっているのではないかと危惧されるようになってから久しい [1~7]．しかしながら，現在のところ，換水を伴わない完全な閉鎖循環式養殖は国際的にも実用化するに至っていないようである．

養殖に伴う生物化学的酸素要求量（BOD_5）[*2]，化学的酸素要求量（COD_{Mn}）[*3]，懸濁物（SS），全窒素（TN），あるいは全リン（TP）の負荷量を求めた例は少なく，したがって，負荷原単位（単位重量の養魚による負荷量，あるいは単位重量の生産量当たりの負荷量など）の例は少なく，これを人口当量で表した例は見当たらない．

そこで，少ない資料からではあるが，養殖の負荷量がどの程度なのか，整理してみた．負荷量の原単位を表すのに，（1）養魚場の流入水と排水中の所定物質の濃度差，流量および養魚重量から求める負荷原単位（g-物質 / トン-養魚・日）と，（2）所定期間の給餌量と増重量から求める単位生産量当たりの負荷原単位（g-物質 / トン-生産量）がある．（1）の負荷原単位は水質の測定時

[*1] 宮崎大学工学部

[*2] BOD_5：5 日間の BOD

[*3] COD_{Mn}：過マンガン酸カリウム法による COD

期や測定頻度に支配される．また，これを様々の排水を扱うのと同様に負荷を相当する人口（人口等量）で表すと理解しやすい．

養殖形態にはさまざまの形態があり，その形態によって負荷原単位が異なる可能性がある．そこで，内水面養殖と海面養殖について，水槽実験と現場調査から得られた結果について整理した．

§1．内水面養殖

1・1　水槽実験から得られた負荷

コイを供試魚とし，通常の配合飼料を与えた場合の窒素の収支は，おおよそ図 1・1a [3]（筆者が一部加筆）のように推定されている．同じくコイを供試魚として，有効リンの割合の高い低リン飼料を用いた場合の試験結果から得られたリンの収支は図 1・1b [3] で表されている．

飼料の TN 含有量は，飼料の粗タンパク含有量を 40%，粗タンパク質の窒素含有量を 16%とすると，1 kg の飼料の TN 含有量は 64.0 g になる．窒素負荷量は，体外への排出量 41.0 g と損失飼料 0.6 g の和 41.6 g である．これは全

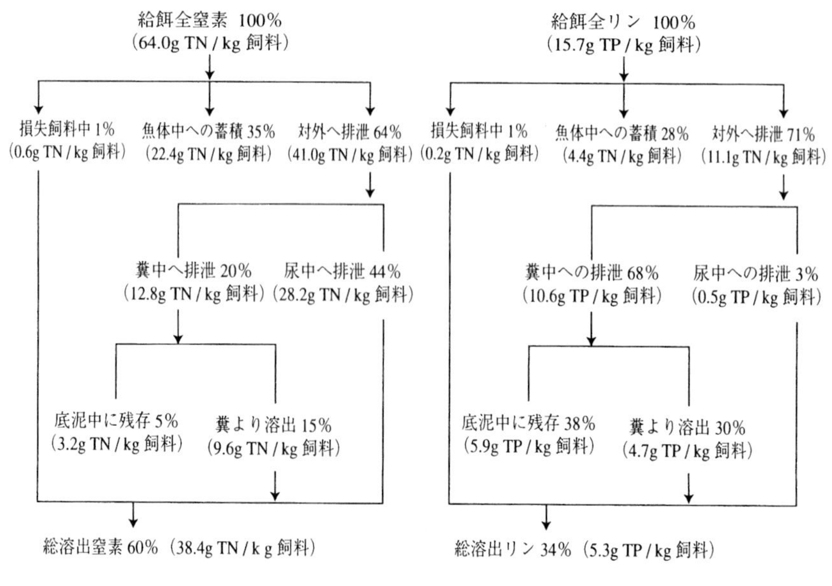

図 1・1a　配合飼料を用いたコイにおける窒素の収支 [3]　水産庁（1985）

図 1・1b　配合飼料を用いたコイにおけるリンの収支 [3]　水産庁（1985）

給餌窒素量 64.0 g の 65.0%である．環境水にかなり短時間に負荷される TN 量は，尿中への排泄分 28.2 g と糞からの溶出分 9.6 g の和 37.8 g であるから，全給餌窒素量 64.0 g の 59.1%となる．37.8 g は全排出（全負荷量）41.6 g の 90.9%に達する．窒素の負荷は主に尿によるといえる．

負荷削減法の一方法として糞の回収が考えられる．仮に糞からの溶出が起こるまえに回収できれば，負荷量はどの位削減できるであろうか．全負荷量 41.6 g を基準にすると，糞への排泄分 12.8 g と損失飼料分 0.6 g が回収されるので，全負荷量（41.6 g）の 32.2%が回収され，67.8%が環境水に負荷される．すなわち，環境水への負荷量は，糞の回収によって，全排出量 41. 6g の 90.9%から 67.8%に減少する．糞からの溶出を許してしまえば，回収したとしても全負荷量のわずか 9.1%しか回収できないことになる．

TP の負荷量についても窒素の場合と同様に，図 1･1b に基づいて試算する．飼料のリン含有量を 1.59%とすると，1 kg の飼料のリン含有量は 15.9 g になる．TP の負荷量は，体外への排泄量 11.1 g と損失飼料 0.2 g の和 11.3 g である．これは全給餌リン量 15.9 g の 71.1%である．環境水にかなり短時間に負荷される TP 量は，尿中への排泄分 0.5 g と糞からの溶出分 4.7 g の和 5.2 g であるから，全給餌リン量 15.9 g の 32.7%となる．5.2 g は全負荷量（11.3 g）の 46.0%になる．

糞を速やかに回収できた場合に負荷量をどの程度削減できることになるか．全負荷量 11.3 g を基準にすると，糞への排泄分 10.6 g と損失飼料分 0.2 g が回収されるので，実に 95.6%が回収されて，わずか 4.4%しか環境水に負荷されないことになる．糞からの溶出を許したとしても 6.1 g が回収できるので 54.0%を回収できることになる．リンの負荷は主に糞によるといえる．

図 1･1a と図 1･1b からは，糞の暴露時間は不明であるが，糞からの窒素とリンの溶出はそれぞれ 75%と 44%となっている．後述されるように，1 日間放置すれば窒素の 21%が，27 日では 54%が，リンでは 1 日で 30%が 27 日では 77%が溶出するという [8]．この相違は飼料の質，製法あるいは魚種の相違によると思われる． 飼料の製造時期と魚種は，図 1･1a，1･1b は 1985 年でコイであり，1 日と 27 日のデータは 1997 年でニジマスである．いずれにしても，溶出速度がかなり大きいので，すみやかな回収法の開発が必要であることがわかる．

養殖の負荷原単位（単位重量の養魚が 1 日に排出する物質量）と人口当量（養魚の排出負荷量を人口に置き換えた値）を推定してみよう．1トンの養魚に 1 日当たり体重の 2％を給餌したとし，窒素の負荷量は図 1･1a の体外への排泄とすると 830 g-TN / トン - 養魚・日となる．人（日本人，以下同じ）の原単位を 12 g-TN / 人・日[9] とすると，人口当量は 69 人になる．すなわち，1トンの養魚の窒素負荷量は 69 人のし尿と雑排水（台所や風呂などからの排水）に含まれる全窒素量に相当する．同様に，TP の負荷原単位は，図 1･1b より 230 g-TP / トン - 養魚・日が得られ，この人口当量は，原単位を 1.8g-TP / 人・日[9] とすると，128 人になる．

1･2　現場実測値から得られた負荷

2 つの例から負荷原単位とその人口当量を求めてみよう．

表 1･1 は，1985 年頃までに得られたニジマス，ウナギ，アユ，ならびにコイの負荷原単位についてのまとめ[3] に筆者が一部加筆したものである．淡水魚の COD，BOD，TN および TP の原単位は，それぞれ，中央値の平均とその人口当量を表 1･1 の下段に加えた．COD と BOD の負荷原単位の人口当量は TN や TP より相当に小さいので，ここでは主に TN と TP について述べる．

表 1･1a　養魚の負荷原単位

魚種	COD_{Mn} (kg / t-魚･日)	BOD_5 (kg / t-魚･日)	TN (kg / t-魚･日)	TP (kg / t-魚･日)
ニジマス	0.5	1.0	0.2～1.0	－
ウナギ	0.2～0.7	1.0	0.4～1.0	－
アユ	1.3	1.6	1.8	－
コイ	1.0～1.5	－	0.3～0.5	0.06～0.13
中央値の平均（A）	0.88	1.2	0.88	0.095?
（A）の人口当量（人）	32	24	73	53?
図 1･1a, b からの負荷（B）	－	－	0.83	0.23
（B）の人口当量（人）	－	－	69	128

表 1･1b　生産量当たりの負荷原単位

魚種	COD_{Mn} (kg / t-生産量)	BOD_5 (kg / t-生産量)	TN (kg / t-生産量)	TP (kg / t-生産量)
コイ（網イケス）	180～260	－	60～90	10～20

人（日本人）の負荷原単位（g / 人･日）COD_{Mn}：27，BOD_5：50，TN：12，TP：1.8[9]

TN の負荷原単位の中央値の平均は 0.88 kg-TN / トン - 養魚・日であり，図 1･1a から得られる 0.83 kg-TN / トン - 養魚・日とよく一致する．しかし，TP のそれは 0.095 kg-TP / トン - 養魚・日であるが，図 1･1b からは 0.23 kg-TP / トン - 養魚・日で 2.5 倍の開きがある．これは現場データが 1 つしかなく，低リン含有量の配合飼料用いているためではないかと思われる．表 1･1b は原単位の表現が異なるので後で使うことにする．

表 1･2 は，コイ（溜池養殖），ニジマス（流水式養殖）およびウナギ（加温循環式養殖）養殖場からの排水の平均的水質である．最近（1997）の調査結果[8]を基に筆者がまとめたものである．コイとウナギの調査例が少ないので，一例としてみなければならない．このような調査資料は排水対策や養殖場の管理を行う場合に非常に貴重なので，今後のデータの蓄積が望まれる．

ニジマス養殖排水についてみると，排水量が極めて多く，しかも養殖池ごとの差も約 5 倍と大きく，いずれの水質項目においても 3 魚種のうちで最も低いものの，TN と TP は約 5 倍の開きがある．これに対して，ウナギ養殖における換水時の排水の水質はいずれの項目においても最も高く，特に TN と TP 濃度は平均でそれぞれ 135 と 29 mg / *l* で，一律排水基準（TN の日間許容限度 120 mg / *l*，TP 16mg / *l*）を越えている．

排水の負荷量を考える場合，濃度のみでは負荷量を把握できない．表 1･3 は，濃度と水量から養魚 1 トン当たりの負荷量に換算し，さらにこれを人口当量に換算したものである．SS 負荷は，人口当量でみると，コイでは 234 人，ニジマスでは 121 人であるが，ウナギでは 1 人と極めて低い．ウナギ排水の SS 濃度が高いのは，排水量が少ないためである．コイとニジマスの BOD の人口当量は，それぞれ 35 人と 58 人であり，TN では 78 人と 77 人，TP では 74 人と 95 人である．3 魚種の TN と TP の養魚 1 トン当たりの負荷量（人口当量）は，養殖形態が異なるにもかかわらず，ウナギの TN 負荷量が 1/2 強であることを除くと，TN と TP のいずれもほぼ同じ人口当量で約 80 人とみられる．約 80 人という値は，表 1･1a から得られた養魚 1 トン当たり TN の人口当量 73 人に近い．TP の人口等量約 80 人は 53 人（表 1･1a）よりかなり高い．この理由は，用いた飼料の有効リン含有量が高く，全リン含有量が少ないためで，市販飼料を用いたデータを集積すれば約 80 人に近付くと考えられる．表 1･3

表1·2　コイ（溜池），ニジマス（流水），ウナギ（循環）養漁場排水の平均水質

	池面積or流量 （ha）（m^3/d）（m^2）	収容密度 （t/ha）	SS （mg / l）	BOD （mg / l）	COD （mg / l）	TN （mg / l）	TP （mg / l）
コイ（n＝2 池）							
平均±偏差範囲	13.5（ha）	8.3	18.5	4.5	8.1	3.69	0.208
	（10.2～16.7）	（5.9～10.7）	（8.2～37.5）	（2.6～6.8）	（3.2～13.1）	（2.52～4.84）	（0.072～0.582）
ニジマス（n＝5 池）							
同上	36,100±38,700（m^3/d）	73.0±59.9	3.5±1.3	2.9±0.6	－	2.59±1.26	0.11±0.05
	（9,500～112,000）	（21.3～188）	（0.7～0.8）	（0.9～4.9）	－	（1.14～4.99）	（0.04～0.23）
ウナギ（n＝2 池）							
同上	475（m^2）	80.4	55	－	16	135	29
	（360～590）	（61.5～98.9）	（25～85）	－	（12～20）	（120～150）	（26～32）

（　）：範囲
コイ溜池・沼採水日：H 7.4.11～12，7.24～25，9.26～27，11.28～29，採水回数：各1回
ニジマス養漁場排水採水日：H 6.12.12，H 7.1.15，1.11，1.19，2.1，採水回数：各5回
ウナギ養漁場排水採水日：H 7.9.12，9.25，採水回数：2 池について各1回

表1·3　コイ（溜池），ニジマス（流水），ウナギ（循環）養漁場からの負荷量とその人口当量

	SS	BOD	COD	TN	TP
コイ（n=2 池）					
平均単位養魚当たり負荷	8.9	1.8	3.38	0.93	0.13
（kg / 魚-トン）	（0.89～16.9）	（0.26～3.27）	（0.78～5.97）	（0.176～1.68）	（0.00589～0.260）
平均単位養魚当たり人口当量	234	35	125	78	74
（人 / 魚-トン）	（23～445）	（5～65）	（9～221）	（15～140）	（3～144）
ニジマス（n=5 池）					
平均単位養魚当たり負荷	4.6±1.8	2.9±1.8	–	0.92±0.59	0.17±0.12
（kg / 魚-トン）	（1.8～6.3）	（1.3～6.3）	–	（0.39～1.71）	（0.065～0.161）
平均単位養魚当たり人口当量	121±48	58±36	–	77±49	95±66
（人 / 魚-トン）	（47～166）	（26～126）	–	（32～143）	（36～222）
ウナギ（n=2池）					
平均単位養魚当たり負荷	0.068±0.25	–	0.072	0.57	0.14
（kg / 魚-トン）	（0.043～0.092）	–	（0.044～0.10）	（0.54～0.60）	（0.12～0.16）
平均単位養魚当たり人口当量	1	–	3	47	77
（人 / 魚-トン）	（1～2）	–	（2～4）	（44～50）	（65～89）

（　）：範囲
人の原単位（g / 人・日）：SS38，BOD50，COD27，T-N12，T-P1.8.
採水日と採水回数は表1·2の欄外と同じ.

の負荷量の範囲から養殖場によってかなり異なることから，給餌率や管理に相当の違いがあると考えられる．ウナギの TN 負荷の人口当量がコイやニジマスの場合の 1/2 強であるのは，水温が高いことも寄与して，脱窒が活発なためではないかと推測される．いずれにしても，表 1·3 より魚種と養魚形態に関係なく，養魚 1 トンの TP 負荷量が 0.13～0.17 kg / 日（平均 0.15 kg / 日）であり，人口当量で 74～95 人のほぼ一定（平均 83 人）であることが明らかになった．さらにデータを蓄積すればもっと代表性の高い数値が得られよう．より正確な単位養魚当たりの負荷量が得られれば，養魚の現存量から管理の適正さが判断でき，負荷量も容易に推定できよう．

§2．海面養殖

2·1 水槽実験から得られた負荷

井上[10]は和歌山水試の実験（0.5～2 cm 切餌を用いたツバス期のハマチ 190 g-30 尾を 1 m^3 水槽に収容）資料を整理して窒素収支を求めている．（残餌＋懸濁物＋溶解分）が 35.0%，魚体内蓄積 48.3%，排泄 16.6%としている．この結果を図 1·1a のようにまとめると，負荷は（残餌＋懸濁物＋溶解分）と排泄分の和であるから，51.6%になる．図 1·1a と次に述べる現場実験のデータに比較して体内蓄積量が大きく，負荷量が少ない．この理由は給餌量が非常に少ないためではないかと思われる．

2·2 現場の実測値から得られた負荷

サケの海面網生け簀養殖において，配合飼料を与えた場合の TN の負荷量は，体外への総負荷量が全給餌窒素の 75%で，これは溶解成分の 62%と沈澱物の 13%の和であり，TN の負荷量は主に溶解成分である[5]．TP の総負荷量は，給餌 TP の 77%で，TN とほぼ等しいが，溶解成分が 11%，懸濁物は 66%であり，TP の負荷量は主に懸濁物である[5]．

同じく配合飼料を用いたニジマスの網生け簀養殖において長期間にわたるフラックスと累積法によるくり返し調査においても，ほぼ同様の負荷量を示し，全給餌窒素とリンのうち，TN では 67～71%[6]，TP では 78～82%[7]とされている．

すなわち，図 1·2a[6]に引用するように全給餌窒素の 27～28%が収穫され，死亡と逃亡が 2～5%，負荷量が 67～71%，溶解分（主として尿素とアンモニア）が48%，沈澱（残餌と糞）が23%，沈澱物からの回帰分が1～3%，その結果20%が沈澱物として堆積する．長期（7シーズン）でみると全給餌窒素のうち12%が沈澱物として堆積し，全沈澱物のうち11%が溶解する，という．図1·2b[7]にはリンの収支を引用した．全給餌リンのうち17～19%が収穫され，25～30%が溶解性物質となる．50～57%が沈澱物として堆積するが，2～4%は溶出する．

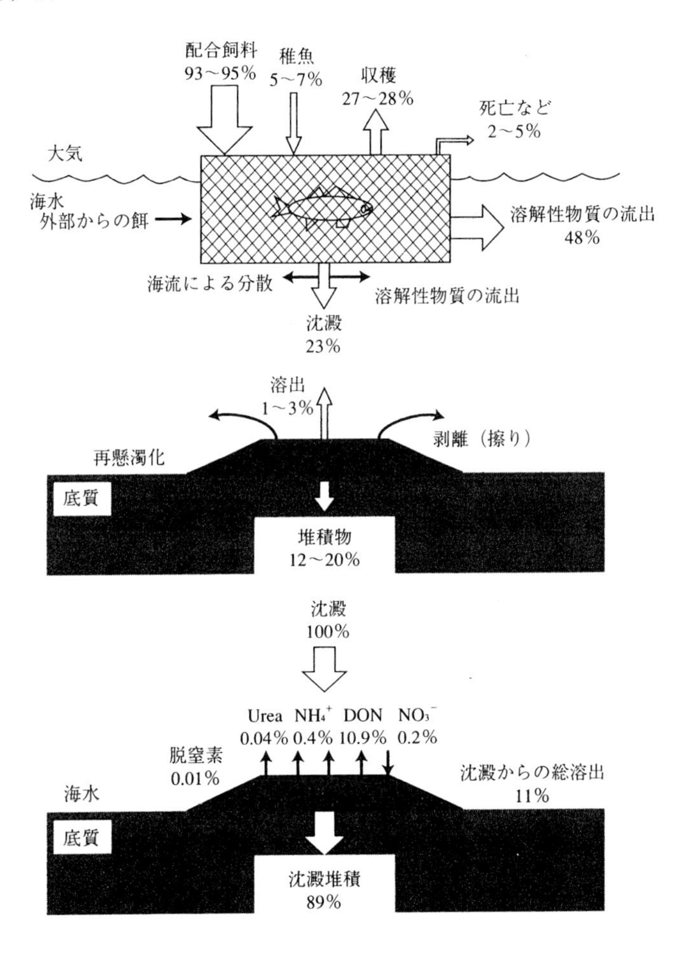

図1·2a　配合飼料を用いたニジマスの海面養殖における窒素の収支[6]（1985，1986および1980～1986）Per O. J. Hal *et al*（1992）

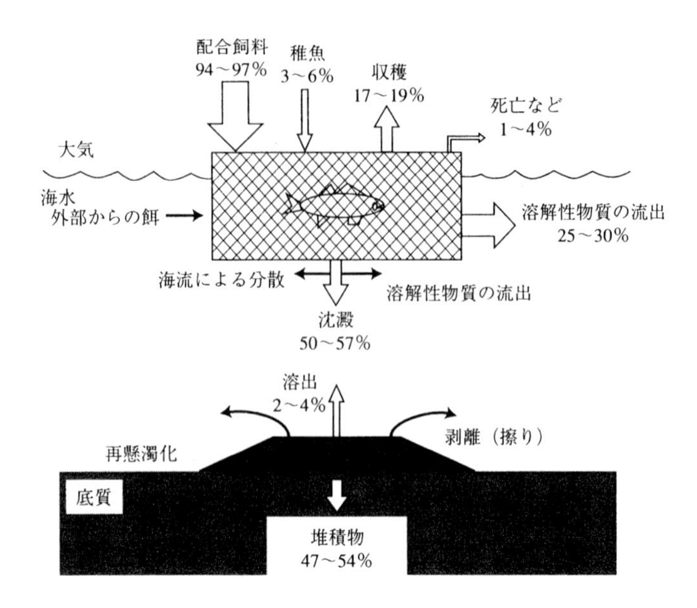

図 1·2b　配合飼料を用いたニジマスの海面養殖におけるリンの収支[7)]
Holby & Hall（1991）

海面網生け簀養殖で配合飼料を与えた場合には，TN と TP の負荷量は，どちらについても総給飼料の 75％程度であるとみなされる．この研究における生産量当たりの負荷量は TN では 95～102 kg-TN / トン - 生産量[7)]，TP では 19.6～22.4 kg-TP / トン - 生産量[7)] とされている．この負荷原単位は，コイの場合（表 1·1b）の 60～90 kg-TN，10～20 kg-TP の上限の値に近い．

ニジマス海面養殖における負荷の人口等量を試算する．配合飼料を用いた場合の 1 トンの生産量当たりの負荷量の中央値をとって全窒素では 100 kg-TN / トン - 生産量，全リンでは 20 kg-TP/ トン - 生産量とし，養殖期間を 8 ヶ月とする．人の原単位を 12 g-N / 人 - 日，1.8 g-P / 人 - 日とすると，窒素では 35 人，リンでは 46 人となる．すなわち，1 トンを生産するためには，養殖期間中，毎日 35 人分の窒素と，46 人分のリンを排出し続ける，ということである．

以上のように求められた負荷量（人口等量）を表 1·4 にまとめた．

最近，わが国の海面養殖における餌は生餌から配合飼料にかわりつつあるようであるが，生餌を与えている場合について負荷量を推定する．坂本[11)] の尾鷲

表1·4 負荷のまとめ

			SS (kgSS / t-養魚·日)	BOD_5 (kg / t-養魚·日)	COD_{Mn} (kg / t-養魚·日)	TN (kg N / t-養魚·日)	TP (kg P / t-養魚·日)
I 淡水魚	(1) 水槽飼育						
		コイ（配）	—	—	—	0.8	0.23
	(2) 現地調査 ①（1985）						
		コイ（配）	—	—	1.25	0.4	0.095
		ニジマス（配）	—	1.0	0.5	0.6	—
		ウナギ（配）	—	1.0	0.35	0.7	—
		アユ（配）	—	1.6	1.3	1.8	—
						0.88	
	現地調査 ②（1997）						
		コイ（配）	8.9	1.75	3.38	0.94	0.13
		ニジマス（配）	4.6	2.9	—	0.93	0.17
		ウナギ（配）	0.038	—	0.081	0.56	0.14
						0.94	0.15
代表値						0.90（75人）	0.15（83人）
			SS (kgSS / t-生産量·日)	BOD_5 (kg / t-生産量·日)	COD_{Mn} (kg / t-生産量·日)	TN (kg N / t-生産量·日)	TP (kg P / t-生産量·日)
II 海産魚	現地調査①	ニジマス（配）					
		—	—	—	95～102（71%）	16.9～22.4（78～82%）	
	現地調査②	鮭（配）					
		—	—	—	75%	77%	
代表値						100（35人）（73%）（8ヶ月）	20（46人）（80%）（8ヶ月）
	備考	コイ（配）			180～260	60～90	10～20

（配）配合飼料

湾における1976年11月の養殖ハマチ量（1,890トン）に対する給餌量（生餌97.1トン / 日）から推算したTNとTPの負荷量を基に，単位養魚当たりの負荷量を求めると，それぞれ1.44 kg-TN / トン-魚・日と0.29 kg-TP / トン-魚・日と試算され，配合飼料を与えた淡水魚の平均負荷原単位（表1·1a）のそれぞれ1.6倍（1.44 / 0.90）と1.9倍（0.29 / 0.15）になる．このように負荷量が大きい理由として，魚種の違いもあるが，生餌を用いていることが大きく寄与していると思われる．

§3. わが国の魚類養殖からの負荷の推定

これまで，① [kg-物質 / トン-養魚・日] と ② [kg-物質 / トン-生産量]（養殖期間）で表される負荷原単位を求めてきた．しかし，両者とも次の内容を理解した上で用いなければならない．養殖の性質上，養殖初期の負荷量は，収容量が少ないので少なく，取り上げ時に最大になる．①では，収容量ごとの負荷量は正しく求めることができるが，生産量を基に負荷量を求めると，最大負荷量を求めることになる．平均的負荷量を求めようとすると養殖期間中の累積負荷曲線から求めなければならないはずである．これに対して，②では，生産量を基にするので，養殖期間中の平均的な負荷量を求めることができるが，最大負荷量を求めることはできない．

ここでは②の負荷原単位を用いて水域に対する養殖期間の全負荷量を求めることとする．負荷原単位を100 kg-TN / トン-生産量，20 kg-TP / トン-生産量，養殖期間を8ヶ月として負荷量を試算する．

わが国の養殖魚類生産量は32.3万トン（1997年度）[12]である．このうち海面養殖生産量は25.6万トン（79%），内水面のそれは6.7万トン（21%）である．全体の負荷量は，人口にして窒素では1,120万人（=（32.3万トン×100 kg-TN / トン生産・240日）/ 12g-TN / 人・日），リンでは1,500万人に達する．すなわち，8ヶ月間にわたって平均して窒素では約1,120万人分，リンでは1,500万人相当の負荷を排出する．年平均ではそれぞれ750万人，1,000万人分の負荷を毎日排出し続ける，という意味である．最大負荷量は，32.3万トンを同時に飼育しているとすると，表1·4の人口等量であるTNの75人，TPの83人を用いると，TNでは2,400万人，TPでは2,700万人に達する．しかし，年間生産量の全量の 32.3 万トンを同時に養殖していることはあり得ないので，このような大きな負荷には達しない．

さて，負荷量を年間の配合飼料生産量から試算する．1997 年度の配合飼料生産量は，約 42 万トン[13]であるが，実際の生産量は約 20％増（渡辺武 - 私信）の約 50 万トンと推定される．50 万トンの配合飼料の TN と TP の含有量とその体外への排泄量を，図 1･1a と図 1･1b にしたがうとして，負荷の人口等量は，窒素では 480 万人，リンでは 850 万人になる．上記の人口等量 750 万人と 1,000 万人より小さいが，図 1･2a および図 1･2b の排出率を用いれば，窒素とリンのいずれでも約 1.13 倍（＝80％ / 71％）となり特にリンの人口等量は 960 万人で 1,000 万人に非常に近い値になる．

したがって，年間の生産量あるいは給餌量のいずれで試算しても，リンの年間負荷量の人口等量は約 1,000万 人となる．

§4．配合飼料の改良

海面養殖においても生餌から配合飼料に急速に変わっているようである．負荷削減法のもっとも重要なことの 1 つは配合飼料の改良である．すなわち，従来の市販の配合飼料に比較して，成長速度と飼料転換効率を変えることなく，窒素とリンの負荷量が少なく，しかも経済的に有利な飼料への改良である．このことは，従来型の養殖法においては負荷削減に寄与し，閉鎖循環式養殖においても処理プロセスを小さくできるので大きなメリットになる．渡邊ら[14]はこのような目的で配合飼料の開発研究を続け，既にコイ用の配合飼料を改良して市販の配合飼料よりも全窒素負荷量を生産量 1 トン当たり 22～38％の削減ができたとしている．全リン負荷量の場合も，数種の市販品の場合の負荷量が生産量 1 トン当たり 9.1～16.2 kg-TP [*1]から，3～6.2 kg-TP の削減ができたと報告[*2]している．また，佐藤ら[15]はコイの配合飼料を改良し，窒素含有量を 57％，リン含有量を 65％削減できた，としている．

しかしながら，このような負荷量の少ない配合飼料の実用化までには至っていないようであるが，1 日も早い転換が必要である．改良した配合飼料が普及

*1 平成 10 年度日本水産学会春季大会講演要旨集，pp.111.

*2 平成 10 年度日本水産学会春季大会講演要旨集，pp.96.

して，窒素とリンの負荷量を削減できれば，環境改善に著しく寄与すると考えられる．単純に試算はできないが，例えば，図 1･1a において，飼料の窒素含有量を 50％削減できれば，魚体中への蓄積量が同じとすると，魚体内への蓄積比率が著増し，体外への窒素の負荷量は激減すると考えられる．

§5．規制の動向

過去 10 年ほど，湖沼と海域の環境基準達成率は横ばいである [16]．排水規制の対象は，特定事業場から公共用水域に排出される水と地下への浸透水である．特定事業場とは，水質汚濁防止法の規制対象となる事業場であり，排水基準は 1 日排水量が 50 m^3 以上の特定事業場に適用されている．

現在，養魚場は特定事業場に指定されていない．しかし，指定された場合に規制の対象になる水質項目とその濃度は，BOD（許容限度濃度，160 mg / *l*；日平均濃度 120 mg / *l*，以下，同じ），COD（160；120），浮遊物質（200；150），全窒素（TN）（120；60），全リン（TP）（16；8）であろう．従来，各地方公共団体では「上乗せ基準」を設けて濃度規制を行ってきた．しかし，濃度規制のみでは改善が進まず，水域によっては水質総量規制制度の導入が必要と考えられるようになってきた．このような湖沼，海域をもつ都道府県知事は総量削減計画を定め，特定事業場以外の排出源についても必要な指導をすることができることになっている．この対象として，未規制業種・小規模工場排水（50 m^3 / 日未満），小規模生活排水（501 人槽未満のし尿浄化槽），養殖漁場，畜産排水，その他となっている [16]．養殖場からの負荷が注目されるようになってきたことは当然のことであろう．したがって，養殖場からの負荷がその水系における寄与度が高い場合には，総量規制制度によって，知事の指導・助言・勧告を受けることになろう．

一方，多くの地方公共団体は排水基準の上乗せ基準を定めており，たとえば，愛知県の指導基準（上乗せ基準よりも緩い）は，TN 25 mg / *l*，TP 6 mg / *l* とされている．また，多くの国々で高濃度の硝酸性窒素（NO_3-N）を含む排水が環境上および健康上の理由で規制されている．養殖排水の NO_3-N 濃度基準は，国によって異なるものの，ヨーロッパ共同体指令では 11.6 mg NO_3-N / *l* の低さである [17]．このような内外の動向からも，養殖排水についてさらなる調査を進め，負荷削減対策をたてる必要がある．

§6. おわりに

環境の保全と修復が求められ，ゼロエミッションに努力しなければならない時代になっている．わが国の海面・内水面における給餌型養殖の生産量は約32万トン（1997年度）である．生産量1トン当たりの負荷量，あるいは配合飼料の年間生産量からTNとTPの負荷量とその人口等量を見積もると，窒素よりもリンの方が大きく，年間を通して平均約1,000万人に相当することがわかった．養殖が局所的に行われているので，そこに負荷が集中していることになる．一方，わが国への水産物輸出国の人口増加や水産物需要の増加などにより，わが国では自給率を高めなければならない状況にある．養殖業を持続的に発展させ，環境を修復するためには，まず現状の改善のために，さらなる配合飼料の改良とその普及，糞のすみやかな回収法の開発，餌の効率的摂餌法の開発，そして抜本的対策として究極の方法である換水しない完全な閉鎖循環式養殖システムの開発が急務と考える．

閉鎖循環式養殖のメリットはあるのか．例えば，海面生け簀養殖から陸上の閉鎖循環式養殖へ転換できたとすれば，そのメリットは非常に大きい．養殖場への負荷の激減とそれによる環境と天然資源の回復，魚病回避や飼料効率の改善，あるいは高密度養殖による生産性の向上，化学物質からの開放，全天候型産業への転換，高齢者の労働寄与，あるいは消費地生産などがあろう．施設費についても，現状の堅牢な網生け簀施設と交換頻度および維持管理労力，さらには給餌用船舶の建造・維持管理費など子細に比較検討する必要がある．

このような観点から，シンプルかつ維持管理が容易で，しかも省エネルギー型の閉鎖循環式高密度養殖システムの研究開発が急務と考える．

文　献

1）中村玄正，高橋幸彦，成田大介，松本順一郎：環境工学論文集，32，263-272（1995）．
2）野村宗弘，千葉信男，除　開欽，須藤隆一：水環境学会誌，Vol.21，No.11，719-726（1998）．
3）水産庁：内水面養殖指針作成に関する事業報書，pp.14-16（1985）．
4）丸山俊朗，鈴木祥広：日水誌，64（2），216-226（1998）．
5）Folke, C. and N. Kautsky : *Ambio*, 18,

234-243（1989）.

6）Hall, P. O. J., O. Holby, S. Kollberg and M. Samuelsson : *Marine Ecology Progress Series*, 89, 81-91（1992）.

7）Holby, O. and P. J. Hall : *Marine Ecology Progress Series*, 70, 263-272（1991）.

8）水産庁：平成 8 年度魚類養殖対策調査報告書 - 養魚堆積物適正処理技術開発事業，水産庁（1997），155，20-38，113-122，209-214.

9）半谷高久，小倉紀雄：改訂 2 版水質調査法，丸善，1992，pp.45.

10）井上裕雄：養殖環境，沿岸の環境圏，（平野敏行監修）1998，pp.601-608.

11）坂本市太郎：魚類給餌養殖の視点からの窒素・リン負荷の規制，漁業から見た閉鎖性海域の窒素・リン規制，（村上彰男編），1986，恒星社厚生閣，pp.96-133.

12）農林水産省統計情報部（平成 11 年 1 月）：平成 9 年度 漁業・養殖業生産統計年報，pp.162-163，228-229.

13）（社）日本養魚飼料協会資料.

14）T. Watanabe *et.al* : Nippon Suisan Gakkaishi, 53（12），2217-2225（1987）.

15）佐藤敦彦，竹内俊郎，野村　稔：水産増殖，45（3），379-388（1997）.

16）監修通商産業省環境立地局：公害防止の技術と法規（水質編，五訂），1998，pp.12，丸善，496.

17）Rijin, J.v. and G.Rivera : *Aquaculture Engineering*, 9, 217-234（1990）.

2．養魚排水の環境影響低減への施策

中　里　　靖*

近年，多くの養殖海域において過度の有機物が蓄積し，それに伴い硫化物が発生するなど，全国的に養殖漁場の悪化がみられるが，生産量の増大を目的とした過密養殖や過剰な餌料投与による過大な有機物負荷，海水交流の阻害がその主因と考えられている．このため，現在得られている知見を基に，早急に養殖漁場の改善策を講じていく必要がある．以下にこれまでの主な施策と 1999 年 5 月に成立した「持続的養殖生産確保法」の関連部分について述べる．

§1．養殖業の位置づけと役割

わが国の養殖業は，戦後の技術開発，経済成長に伴う需要の増大などを背景に，その生産は飛躍的に伸び続け，1997 年の生産額は沿岸漁業全体の 47％を占めるに至っている（図 2･1）．養殖業の対象魚種は，ブリ，タイなどのい

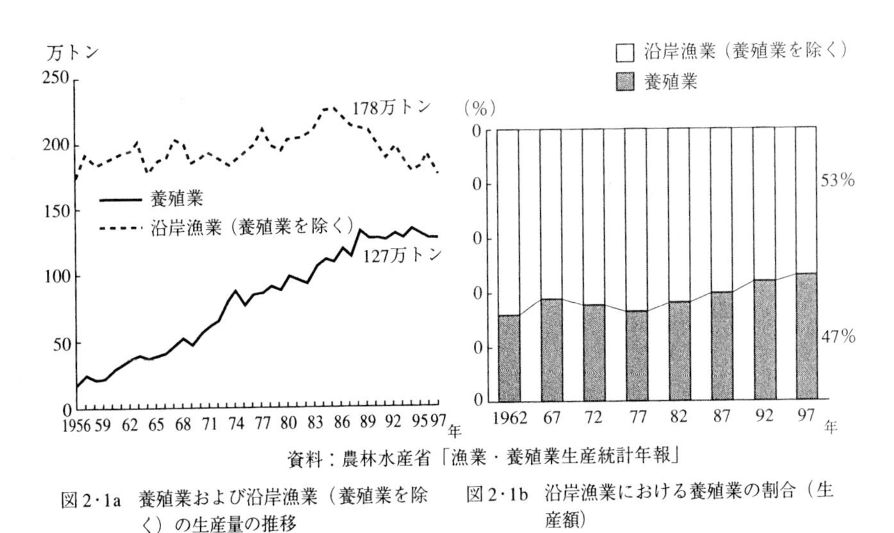

資料：農林水産省「漁業・養殖業生産統計年報」

図 2･1a　養殖業および沿岸漁業（養殖業を除く）の生産量の推移

図 2･1b　沿岸漁業における養殖業の割合（生産額）

* 水産庁資源生産推進部整備課

わゆる高級魚が大半を占めており，養殖業は，こうした高級魚を比較的身近な存在とすることに大きく寄与するなど，沿岸漁業の振興，漁村の活性化および豊かな食生活の実現に極めて大きな役割を担っている．

また，国連海洋法条約の発効により，新たな漁業管理制度の下，沿岸域の水産資源の適切な管理と有効利用に取り組むことがわが国に課せられた国際的な責務となっており，養殖業の持続的生産を確保することが水産行政上重要な課題となっている．

一方，養殖は，食料確保の面で世界的にも注目されており，1995 年にローマで FAO 漁業委員会が開催されたが，同委員会は，「多くの漁獲漁業が高い漁獲圧力のために厳しい状況にある中で，FAO は今後急激な人口の増大が予想される中で養殖の振興に高い優先度を置くべきであり，1 人当たりの水産物消費量を維持するためには，養殖による生産の増大が不可欠である」と指摘している[1)]．

§2. 養殖漁場の悪化

わが国の海面養殖業は，昭和 30～40 年代の高度経済成長期以降，生産量の増大が著しいが，当初，養殖業は陸上起源の環境負荷による被害者としての側面が強かった．しかし，陸上の事業場からの排出水の規制措置などが講じられていく中で，養殖漁場の自家汚染が問題となってきた．過去の文献などをみると，既に昭和 40 年代には，養殖漁場の悪化による養殖魚の成長率の低下や病害の発生などが指摘されている[2)]．

現在，海面の魚類養殖では，生餌からモイストペレットへの餌料の転換が進み，さらに固形配合飼料も次第に普及しつつあるが，今なお，多くの養殖海域において過度の有機物の蓄積とそれに伴う硫化物の発生がみられるなど，全国的に養殖漁場の悪化がみられる．その原因については，生活排水や工場排水などの漁業活動以外に起因する汚染もあるが，生産量の増大を目的とした過密養殖や過剰な餌料投与による過大な有機物負荷，海水交流の阻害も大きな原因と考えられている（図 2·2）．

養殖業者は，創意工夫を行いつつ生産量を増大させてきたが，このような養殖漁場の悪化は，最終的にはその漁場における養殖自体を不可能に至らしめることとなりかねず，その進行の過程では酸欠や赤潮による生育不良やへい死を招くとともに，魚病の病原体の水中における生存能を向上させ魚病被害の慢性化を招くこと，魚類のストレスを増加させ病気に対する抵抗力を弱めることから，魚病の発生およびまん延の主因となっているものと考えている[3]．

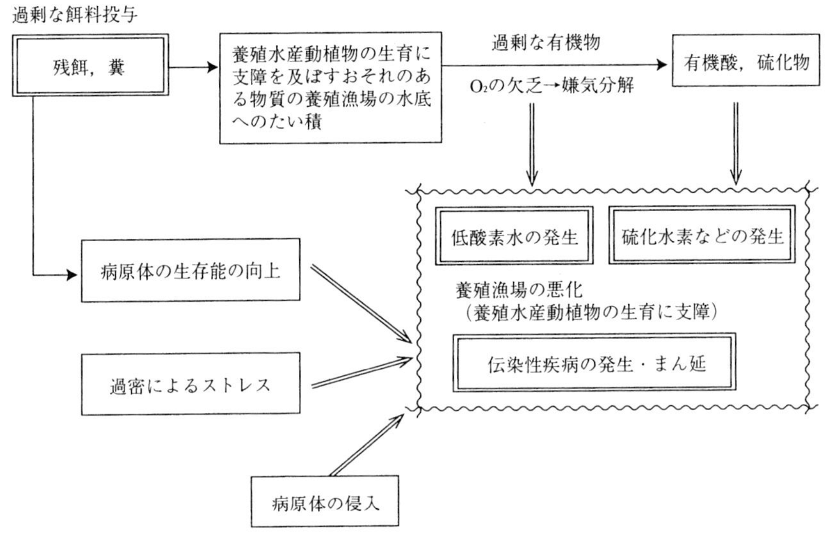

図 2･2　過剰な餌料投与などによる養殖漁場への影響

§3. 海面養殖業における環境影響低減に資する調査事業など

漁場の悪化は，持続的な養殖生産を実現し水産物の安定供給を今後とも確保していく上で大きな支障となるものと考えている．このため，国や都道府県において，従来より漁場への負荷を低減するなどにより持続的な養殖を実現していくための調査事業などの施策が講じられてきている．

これまで行われてきた主な施策としては，消波堤の設置などによる沖合養殖場造成などのハード事業のほか，漁場容量に応じた養殖を実現するシュミレーションモデルを作成するための養殖漁場管理定量化開発調査（1987～89 年度）[4]，養殖漁場高度管理方式開発調査（1990～92 年度）[5]，水質など環境保全に関連した指標を用いて環境保全に配慮した養殖を実践していくための養殖ガイドライン作成検討調査（1992～94 年度）[6]，養殖漁場の堆積物を経済的に処理するための技術開発を行う養魚堆積物適正処理技術開発事業（1994～96 年度）[7] など様々なソフト事業がある．

また，現在実施している調査事業などとしては以下のようなものがある．

①環境保全型養殖普及推進対策事業（1998～2003 年度）

漁場浄化能力の範囲内での養殖生産を実現するため，新たな科学的知見を加味しつつ養殖漁場環境に関する指標および基準について検討を進めるほか，低密度飼育や生物の利用による水質浄化など環境保全の面で先進的な養殖事例の調査などを行うなどにより，「薄飼い」のような環境保全の面で効果のある養殖を実践するためのマニュアルを作成し，その普及を図る．

②養殖場環境改善システム開発事業（1997～2001 年度）

残餌を削減し環境負荷を減少させるため，養殖魚の自発的な摂餌行動に基づく給餌器を開発するとともに，漁場の自浄作用などによる養殖漁場の環境維持改善方法の開発を行う．

③養殖漁場適正管理推進事業（1996～2000 年度）

対象魚種や個々の漁場の実態を考慮し，養殖業者が自ら測定可能な養殖漁場環境指標の選定と測定手法を確立する．

④高品質配合飼料開発事業（1998～2000 年度）

環境保全の観点から海面養殖用の餌は，今後生餌から配合飼料への転換を一層進めることが重要である．このため，安価で大型魚でも効率の低下しない固形配合飼料を開発するとともに，海産魚用配合飼料の公定規格を策定する．

⑤環境創出型養殖技術の開発（1998～2002 年度）

陸上において人工的に養殖生物に良好な環境を創出することにより環境に負荷を与えず効率的な養殖生産システムの技術開発を行う．

§4．持続的養殖生産確保法案の制定

以上のように，これまで養殖における環境負荷の低減施策は，各種の調査，技術開発などの予算措置を中心に対策が講じられてきた．一方で，先に述べたように，養殖漁場の悪化がなお全国的にみられる状況にあり，これまでの調査などにより得られた知見などを基に，養殖漁場の改善のための取り組みを全国的に展開することが必要となっている．また，養殖業界においても，業界主催

のシンポジウムや会合で養殖漁場の改善が議題として取り上げられるなど，その必要性についての認識が高まってきている．

このような事情を背景に，水産庁では 1999 年 3 月に持続的養殖生産確保法案を国会に提出し，5 月にこの法律が成立した．この法律は，養殖漁場の改善と養殖水産動植物の疾病のまん延防止を図ることにより持続的な養殖生産を実

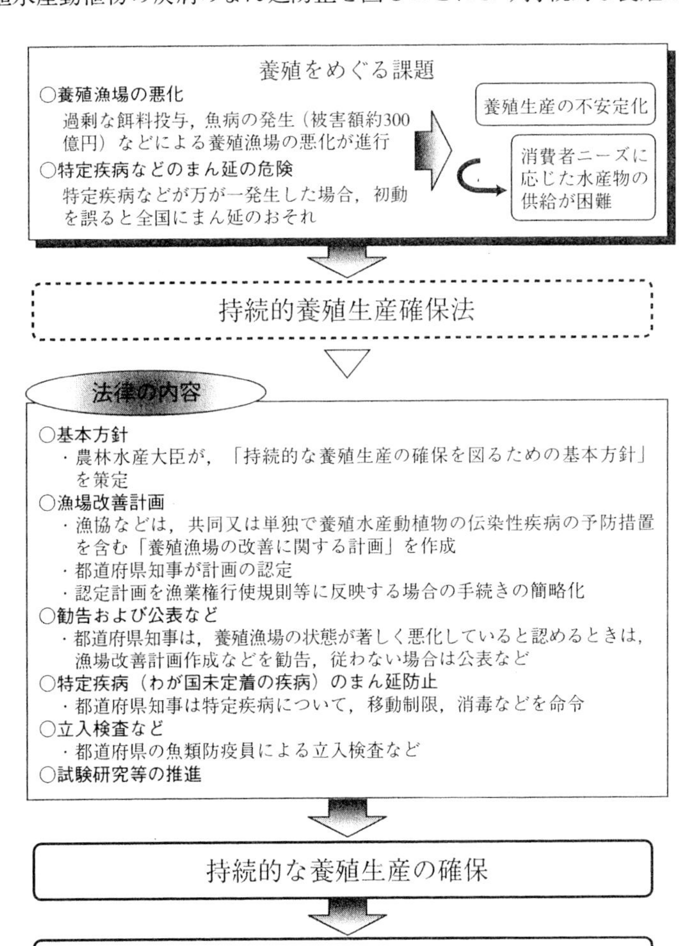

図 2･3 持続的養殖生産確保法概念図

現することを目的としており，漁業協同組合などによる養殖漁場改善を促進するための措置およびわが国に未侵入・未定着で重大な影響を及ぼすおそれのある特定の疾病のまん延を防止するための措置を講じるものである（図2･3）．

§5．漁場改善計画

法律においては，農林水産大臣が，運用の方向性を示すために「基本方針」を定めることとしているが，この「基本方針」の中には，「養殖漁場の改善の目標に関する事項」などを盛り込むこととしている．この「養殖漁場の改善の目標に関する事項」とは具体的には，養殖漁場として永続的に利用していくための漁場に関する指標および基準であり，現在，①水質，②底質，③飼育生物の状況（疾病によるへい死）の 3カテゴリーでそれぞれ指標および基準を定めることを検討している（指標によっては漁場ごとに基準となる数値は異なる）．

漁業協同組合などは自発的に養殖漁場を改善し持続的な養殖生産を実現するための「漁場改善計画」を策定し，都道府県知事の認定を受けることができるようになっている．この「漁場改善計画」には，①対象となる水域および養殖水産動植物の種類，②養殖漁場の改善の目標，③養殖漁場の改善を図るための措置および実施時期，④養殖漁場の改善を図るために必要な施設および体制の整備などを定めることとしている．このうち，「養殖漁場の改善の目標」には，農林水産大臣が定める「基本方針」の「養殖漁場の改善の目標に関する事項」に規定される指標につきその計画が目的とする基準を定めることを想定しており，この目標とする基準が基本方針の基準と同レベルかそれ以上であること（漁場の改善が進むこと）が都道府県知事がその漁場改善計画を認定する上での 1 つの条件になっている．

このように，漁場改善計画の目標を基本方針にあわせることにより，全国統一的に一定レベルの目標を置いて漁場改善の取り組みを推進していこうとするものである．

また，養殖漁場の悪化が相当程度進み，何ら改善策が講じられない場合の勧告や公表の制度も本法案には盛り込まれている．

漁場改善計画は，漁業協同組合などによる自発的な取り組みであり，養殖業者自らが養殖漁場の悪化の現状を認識し，改善に向けた積極的な対応をとることが求められるが，行政としても，これらの制度の適切な運用を図りつつ，養殖業者の取り組みに対し，必要な支援を行っていくことが重要であると考えている．

§6. おわりに

養殖漁場の環境改善に関する対策としては，ハード事業による沖合養殖場の造成のほか，各種の調査や技術開発なども行われてきたが，現在においても全国的に養殖漁場の悪化がみられる状況にある．

その理由の 1 つとして，養殖漁場の環境に関する知見が十分でなく，養殖業者を十分説得できないという声を聞くことがある．これまでの調査や研究などを通じて多くの知見が得られているものの，養殖漁場の環境を精緻に評価し漁場ごとに最も合理的な利用方法を提唱できるほどの知見が現在でもないことは事実であろう．

しかしながら，養殖漁場の改善は早急に取り組むべき課題であり，現在の知見によっても養殖漁場において合理性をもって漁場改善対策を実施することは可能である以上，各地で実施していくべき時期にきていると考えている．

今後は，新たに制定される持続的養殖生産確保法案に基づく制度を，調査事業などとの有機的な連携の下に運用し，関係者の協力を得つつ，持続的な養殖生産体制の実現のための取り組みを強力に推進していく必要がある．

文　献

1）FAO：REPORT OF COMMITTEE ON FISHERIES Twenty-First Session, 1995.

2）窪田敏文：自家汚染の実態，魚類養殖場，浅海養殖と自家汚染（日本水産学会編），恒星社厚生閣，1977，pp.9-18.

3）楠田理一：自家汚染の機構，養殖生物の病害，浅海養殖と自家汚染（日本水産学会編），恒星社厚生閣，1977，pp.77-86.

4）水産庁：養殖漁場管理定量化開発調査報告書（1988，1989，1990）

5）水産庁：養殖漁場高度管理方式開発調査報告書（1991，1992，1993）

6）水産庁：魚類養殖対策調査事業報告書〔養殖ガイドライン作成検討調査〕(1993, 1994, 1995）

7）水産庁：魚類養殖対策調査事業報告書〔養殖堆積物適正処理技術開発事業〕（1996，1997，1998）

3．負荷低減研究における国際情勢

守　村　慎　次*

中国の内水面で，1000 年以上にわたって営々と行われてきたように，水産養殖の歴史は古い．中国で伝統的に伝えられてきた自然の池や，やがて人工池の利用に発展させた魚類養殖は東欧でも数百年の歴史を遡ることができる．タンパク質を水産物に頼るとしても，その資源に恵まれた海をもたないか，海があっても，その荒波を克服する技術をもたなかったゆえの選択だった．

そのような池を使った養殖は，基本的には藻類やその食物連鎖に繋がる甲殻類や昆虫類のような小動物を食べる魚を対象とし，水質環境の負荷について特別な配慮を要求されるようなものでなかった．魚の排泄物はむしろ水中の基礎生産の拡大に寄与する有益な役割を担っていた筈である．

1970 年代になって北欧に出現したサケの海面養殖と，世界の亜熱帯域に広がったエビ養殖はこうした養殖の概念を根本的に変えた．いわゆる給餌養殖の登場である．それは現場の生態系の中の小動物でなく，別途採取した栄養豊かな小魚を餌にして，大型の有用魚種を育てるというものである．その生産性は圧倒的で，養殖魚は大きな市場価値をもつようになった．

その海面養殖を代表するサケ養殖が農業用肥料と石油産業で北欧最大企業に発展したノルウェーの財閥，ノルスクヒドロ社の資本を背景に開発されたことが世界の養殖の発展に大きな影響を与えた．養殖が開発当初から，大きな収益を生む投資の対象として認識されるようになったからである．実際，サケ養殖のパイオニアとなったノルスクヒドロの子会社「モウイ」の養殖サケは優れた品質管理を通じて，世界を代表するブランドとなっている．現在，このモウイ社を含むノルスクヒドロの水産事業はヒドロ・シーフード社に統合され，その養殖サケの生産量は世界最大で，年 8 万トンを越える．

モウイの成功は近隣諸国の食品資本に大きな刺激を与えた．ほどなく食品最大手のユニリーバがスコットランドにマリンハーベスト社を設立，年産 4 万ト

---

* 国際養殖産業会

ンのサケを養殖し，世界第 2 位の座を確保，アイルランドでも民族資本で年産 3 万トンのサケ養殖会社サルマラ社が誕生した．

こうした動きに触発された海面養殖は高い収益を求め，生産の集約化がみるみる進み，世界の養殖場はどこでも自然界には存在しない巨大なバイオマスを密集させた特異な環境がつくられるようになった．しかし，それは結局，集中的な魚の排泄物や残餌による環境汚染，ひいては養殖魚の成長の停滞と病気のまん延を招き，生産性がむしろ阻害される結果を導くようになった．

魚類養殖は今や，ほとんど世界の全域に広がっているが，その技術開発が上述のような北欧諸国を中核にした欧米の企業によって先導されてきたのは，自然環境の立場に立つと，不幸中の幸いと言えるかも知れない．競争社会における企業の開発理念と環境上の倫理観がそれらの国で環境保全に大きな力を注がせる方向に発展したからである．

北欧では今，養殖場のバイオマスは環境収容力に照らして制御され，連作や休業に関する規制が設定された．魚病治療のための抗生物質は食品としての安全性のみならず，耐性菌を含む自然生態系の阻害要因として嫌われ，それに代わって魚病予防のための免疫技術を著しく発展させた．そして，エネルギー密度の高い餌が開発され，給餌の総量を大幅に削減させた．“Sustainable” という条件がすべてに優先する養殖が定着し，遅れて登場した地中海やアメリカの養殖によい手本を与えた．

その反面教師になったのは日本を含むアジアの養殖である．特に，アジアで際立った収益性をもたらした東南アジアのエビ養殖と日本の魚類養殖は明らかに健全な指導者を欠いている．同じ場所で営々と続けられる養殖の残餌と排泄物で漁場が汚染，魚病がまん延し生産性は低下する一方である．これらの地域では，日常的に魚が死ぬ養殖がなお続けられている．

ともあれ，これは本論の意図するところでない．ただ欧米の “Sustainable” という条件の追及が結局，養殖を健全な姿に回復させたことを，少なくとも日本が見習うべきものとして，言及したものだ．

§1．水処理循環技術の標準化

ノルウェーのサケ養殖は 1970 年代の終盤にはその生産量が 1 万トン近くに

成長し，サケ養殖が巨大産業になる可能性を予感させていた．これに触発されたのは既に長い歴史をもつコイやニジマスなど淡水魚の養殖である．生産性の高い海面養殖が現実になると，同様の生産性を競うには，淡水養殖にも生産の集約化が求められ，その養殖用水の浄化の必要性が一気に高まった．限られた水量下で高密度養殖を行うには，魚の安全上も社会環境上からも水質の保全が要求されたからである．

注目すべきことに，これらの水処理に関する基礎知識を与えたのは当時，東京大学助教授だった佐伯有常と大学院生の平山和次ら日本の生物学者だったとされている．彼らが 1960 年代，砂ろ過フィルターの有機物分解機能の研究を通じ，明らかにした酸素と微生物の関係は，その後の欧米の科学者たちに研究の基盤を与えたと言ってよい．

こうして 1980 年代になると，水のろ過技術の研究が活発化し，小規模ながら魚の養殖のための水処理システムが登場する．しかし，その多くが技術的に十分な配慮を欠いて失敗を重ねる結果となった．成功を急ぐ企業家たちの楽観論が当時の技術的常識を無視したからである．そのほとんどの水処理能力が水槽の負荷に比べて小さく，既にかなりの実績を積んでいた水族館の経験を生かすことができなかったとされる．

挫けずに技術開発を進めた科学者たちの努力のもと，投資者たちが報われるようになったのはごく最近のことである．

1993 年 8 月，ノルウェーのトロンハイムで開催された FFT 国際会議（Fish Farming Technology Conference）はその転機となった．

多彩な養殖研究の成果の中で，陸上養殖が独立したセッションとなり，実体のある 20 の論文が紹介された．その中には，ノルウェーのサンフィッシュ社が世界に先駆けて開発した脱窒機能をもつ「完全閉鎖循環式水槽養殖システム」が含まれ，聴講者の関心を呼んだ．マイクロスクリーン・フィルター，バイオフィルター，脱窒装置，泡沫分離，紫外線殺菌，沈澱槽などで構成される現在の標準技術の概観が示された[1]．

その FFT 会議が循環式水槽養殖時代を開く役割を果たした背景に，海面養殖の生産性の行き詰まりがあった．

1980 年代の後半，生産量の飛躍的発展に伴って，サケ養殖業界はその生産性改善のため多くの有益な情報を手にしていた．しかし，環境保全に貢献した免疫技術の向上や餌の改良は別にして，漁場の環境規制は養殖の生産性を厳しく圧迫するようになった．魚の養殖密度を下げることは環境によくても，採算には不利益をもたらしたのである．

1980 年に入って活発になったスモルト（サケの稚魚）の養殖技術の研究は既に大きな成果を上げていた．水温と溶存酸素がスモルトの健康と成長のための決定要因となり，大きく育ったスモルトはサケの養殖サイクルを 1ヶ年短縮するほどの効果を示した．ふ化後 1 年で海に出せるほど成長したスモルトは，そのため 2 年かかった稚魚に遜色なく成長した．水質制御によって，魚の成長を人間が管理できる時代を迎えたわけである．

自然環境の中での生産管理は難しいが，外界から閉鎖した水槽でなら，その改善にあらたな可能性を期待できるというわけだった．生産性の高い循環式水槽養殖の実用化のための淡水養殖からのアプローチと海面養殖からのアプローチを 1 つに統合したのが 1993 年の FFT 会議だったと言える．

この会議で，循環式水槽養殖の技術に 1 つの標準を与えたのはドイツ，キール大学のハラルド・ローゼンタール教授[2]だった．彼はその開発の歴史的経緯を示し，完成度の高い循環システムを目指すには，図 3･1 のように，いくつかのループを合成する必要があることを示した．

また国際養殖産業会が 1997 年 10 月，函館で開催した国際養殖セミナーで演壇に立った FFI（Fish Farming International）紙の技術主幹，トム・レイ氏は先進的循環養殖システムとして要求される機能を次の 8 項目にまとめた．抽象的な表現が含まれているが，一般概念としてわかり易い．なお英国から発行される FFI 紙は世界で最もポピュラーな養殖情報紙とされており，その論拠には一定の信頼が置かれている．

（本格的な循環式水槽養殖施設として要求される機能）

① 適性水温を維持できる

② 浄化能力を安定させるため，自己洗浄能力をもつ

③ 毎日の交換量は水槽水総量の 2％以内

④ 水交換なしで数日間運転できる

⑤ 病気の侵入を阻止できる

⑥　魚の養殖密度 100 kg / m³ 以上

⑦　装置が単純で建設費は従来施設の半額以下

⑧　運転経費は従来の施設以下

§2. 省エネへの旅のはじまり

理想的な循環システムの設計を目指す人々は誰でも，水を汚す魚の代謝物質の蓄積と水処理装置の浄化能力（生物分解率）を平衡させようとするが，今では，そのような定常状態は高密度養殖には存在し得ないとされている．代謝率の経時変化やその水質への影響が複雑過ぎる上，アンモニアの硝化，脱窒のプロセスにしても，その反応を決めるファクターをまだ数理的に処理し難いからである．それゆえ，図 3･1 に示すような象徴的機能の配列が必要条件として強調されたきたと言える．

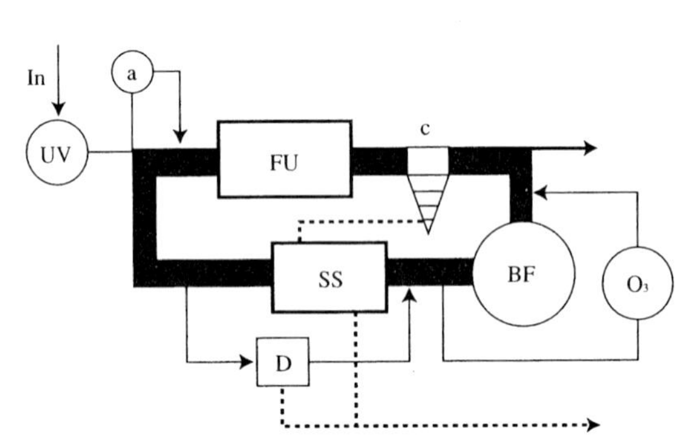

FU；養殖水槽，BF；バイオフィルター，a；曝気
SS；SS除去器，D；脱窒装置，UV；紫外線殺菌
O_3；オゾン加給，C；沈澱槽，破線はスラッジ流れ

図 3･1　循環式水槽養殖システムの標準フロー

しかし，研究は今，始まったばかりである．執念をもった人の発想は人並みのセンスで推し量れない．循環式水槽養殖が未来の水産の基幹産業になるなら，その理想の在り方を追求する人が出てきて当たり前のことである．

はじめに登場するのはいつも科学者である．ドイツのシック博士らが 1992 年に発表した論文[3)]は出色ものだった．浄化能力を結果論でなく，バクテリアの活動そのものを追求し，基質（メディア）に付着するバクテリアだけでなく，電子顕微鏡のスキャンによって，遊泳するバクテリアさえ計数し，その役割を明らかにしたのである．

その結果バクテリアの能力は必ずしもその数によらず，有機物（汚れ）の状態に影響し，SS（浮遊汚泥やコロイド粒子）があると硝化率を大きく低下させることがわかった．あらかじめ SS を除去することがバイオフィルターの機能を向上させるために極めて重要なことを示したわけである．

FFT 会議の翌 1994 年，デンマーク政府が発した規制は循環式水槽養殖の開発を一気に加速した．環境汚染防止のため，かけ流し方式の養殖を禁止し，水処理レベルの高い循環式に改めるよう強要するものだったからである．急俊な山岳をもたないデンマークの河川を汚染から守る強い意思の現れだった．

当時 500 軒ほどあったデンマークの養殖場は百数十軒に減ったが，生残った養殖場は模範施設とされ，その技術は同じ環境事情をもつオランダをはじめ世界に広がりつつある．

循環式水槽養殖が現実化するに伴い，そのコスト削減が最重要課題になった．水処理負荷の軽減や省エネのためのユニークなアイディアが競って登場し，養殖の採算向上に貢献するようになった．現在では淡水魚ではウナギ，アユ，ニジマス，チョウザメなど，海産魚ではヒラメ類，スズキ，タイ，エビ類など多くの種が循環式水槽で養殖されるようになった．

このコスト削減競争を通じて水処理装置の特徴的役割が明確に分離され，基本的機能として代表されるようになったのは，汚水中の大きな粒子を漉しとるマイクロメッシュ・スクリーンフィルター，精力的に硝化作用を行うバイオフィルター，それに硝化作用に加え，気泡を使って窒素や炭酸ガスを除去する散水ろ床（トリックリンフィルター）の 3 種のフィルターである．バイオフィルターの一部では脱窒作用も行われ，使用空気によって酸素の加給効果も見込まれる．

この 3 種のフィルターの機能だけでかなりのレベルの水処理が可能になるため，現在では，それらを組合わせて商品化した設計が多くみられる．

マイクロスクリーンとしては円筒形のドラムフィルターと円盤形のディスクフィルター，それにベルトコンベアーの形をしたベルトフィルターがあり，互いの特徴を競っている．バイオフィルターには非常に多くのタイプが使われてきたが，最近では，複雑な形をした基質にバクテリアを付着させる生物膜法と同じ生物膜法に属するが，砂粒などの微小粒子を運動させ処理能力を高めた流動床に絞られつつある．散水ろ床は内部環境を層別してバクテリアの活動を分け，多様な水処理機能を擁するタイプに人気が集まっている．

このほか水を殺菌するために紫外線殺菌やオゾンが使われているが，最近になってオゾンは殺菌作用のみならず，有機物を細かく砕く作用によって，浄化促進剤として再評価され，欧米では人気が高まっている．

しかし一方では，最近，バクテリアを殺す殺菌法がバクテリアの浄化作用に矛盾すると主張する勢力が，魚病予防のため病原体を運ばないバクテリアの増殖法（プロバイオティックス）にその活路を見出そうとして，精力的にその研究を進めている．

水処理機能のコスト削減を目指す科学者たちの努力の一方，現実にコスト削減に貢献した技術は，もっと根本的な部分から出発したものが多い．その第1に魚の糞や残餌の即時除去法が上げられる．多くの水槽設計者が水槽の底に斜面をつけて，糞や残餌を低いところに誘導しようと配慮している．ノルウェー，アクアオプティマ社のイーダル・シェイ氏は水流を使って水槽内に渦を発生させ，その渦流によって糞や残餌を積極的に除去する方法を開発した．水槽内に生じた糞や残餌は3～4分以内に外部に設けた槽にトラップされる．そのことで，水を汚す成分のかなりの部分が水に溶解する前に回収されるというものだ．

ミネラルも水処理の根本的部分で貢献する．水中の有機物の凝集を早め，水粒子を細かく砕く．その作用によって汚れの多くをマイクロスクリーンの段階で除去し，バイオフィルターへの負担を削減できる可能性が高い．餌の未来も刺激的だ．糞にならない餌の研究が本気で進められているからだ．実際，アメリカのカーギル社が開発したエビ幼生用液餌の「リカライフ」はその栄養分が水に解けず，ほとんど完全に捕食され，魚の体内によく吸収される．この餌を採用したふ化場のどこでも，水槽に蓄積するアンモニア態窒素が半減，時にはほとんど蓄積しなくなると報告されている[*1]．

§3．未来の夢へ

1996年，アメリカのウエストバージニアに出現した養殖・水耕統合生産システム[*2]は未来を明確に示している．年間430 kgの淡水魚種テラピアと少な

[*1] Fish Farming International, Vol.25, Oct. 27, 1998.

[*2] Recirc Today, 1, 1998.

くとも 1,425 kg のハッカ，レタス，ローズマリーなどの野菜を同時に生産し，採算を維持できるというものだ．

そのシステムは 3,600 l の養殖水槽と 6 台の 1.3×2.6 m の砂利を敷いた野菜の栽培床（砂利床）をそれぞれ 2 対組合わせた生産ループからなる．

小さなポンプで熱と酸素を巧みにコントロールし，水中の窒素やリンは栽培植物によって吸収され，魚の飼育に支障のないレベルまで除去される．魚の養殖用水と砂利床の水容量の比は 1.3：1.0 に設計された．

栽培用水の適水温を維持するため，熱交換器が砂利床に埋められた．その砂利床のろ過は物理，生物的方法を併用して魚の生活に必要な水質レベルに維持され，装置全体は 9×20 m のありきたりの温室に収められた．

生産性はなかなかのものだ．テラピアの生産密度は 120 kg / m^3 になったし，ハッカとローズマリーは 100 kg / m^2 レタスも 25 kg / m^2 の成績を収めた．この生産密度は国際的視点に立てば驚くに当たらないが，日本の米の土地生産性がわずか 200 g / m^2 程度であることから見れば，十分に評価し得るものだ．

栽培植物による汚水処理の経済的可能性はカナダ，ノバスコシア州のベア河畔でも実証されている[*3]．それは都市排水を温室に設置した「人工湿地」によって浄化するものである．この場合，生産される植物はペパーミント，クレソン，ユリ，アヤメなどであるが，同じシステムの実験で栽培されたトマトは極めて良質だったといわれる．

かつて下肥を社会が許容してきた時代があるように，都市廃水を利用するシステムが食物生産のために受け入れられるなら，それは物質の価値を大きく変換するだろう．太陽エネルギーの下で，多くの物質が再利用され捨て去るものなど何もなくなるからである．

これらの実験は人間を含む生物社会の廃棄物を商業的に価値ある作物に変換し，廃物を堆肥に，そして排水を養殖用水に利用できることを証明した．養殖廃水は植物プラントに戻され再び美しい水に生まれ変わるのである．

生物たちの役割はこのような技術開発を通じて，さらに明らかにされるだろう．それは未来の食糧生産と環境保全に明確な指針を与える筈だ．

自然の海の生態系が生み出す水産物が量的に見て限界にあることは周知であ

[*3] Recirc Today, 1, 1998.

る．同様，上述の稲の栽培実績が示すように，自然の土地生産性も低い．世界の人口が国連の予想どおり増え続けるなら，誰もが薄々感じているように，それに見合う食糧の増産は養殖と水耕に依存せざるを得ない．

欧米における循環式水槽養殖の研究は思わぬ展開を見せ始めた．しかし，われわれは未だ，21 世紀の希望に満ちた食糧生産の開発を目指す競争のスタートラインにも着いていない．

文　献

1）E.Lygren : Fish Farming Technology（Proceedings of Europeam Aquaculture Sosiety 1994），351-359.

2）H. Rosenthal : Fish Farming Technology（Proceedings of European Aquaculture Society 1994），341-351.

3）H.Sich, J.van Rijn : Publ. *European Aquaculture Soc* 17, 55-78,（1992）.

Ⅱ．環境負荷低減への技術

4．水処理技術を応用した養魚排水の処理

工藤 飛雄馬*

現在内水面養殖業界では，魚病のまん延，イワシミールの不足に基づく飼料単価の上昇，後継者と労働力の不足，養魚排水の環境への影響などの問題が深刻化している．その中でも近年，国民の環境への関心が高まっている情勢の中で，養魚排水による環境負荷の増大は，早急に解決しなけらばならない大きな課題であると認識されている．

岩手県内水面水産技術センターにおいても，常時およそ50トンの魚を飼育しており，排水処理の必要性を認識し，1994 年度に国庫補助事業を導入して，排水処理施設を整備した．また，飼育に伴う廃魚（死亡魚，奇形魚など）の処理に苦慮していたため，廃魚処理施設を排水処理施設と同時に整備した．ここでは，当センターで整備した排水処理施設と廃魚処理施設の概要を紹介するとともに，ここ数年間使用した上で発生した問題点について述べたい．

§1．整備に至る背景

当センターは，岩手県盛岡市の北西，秋田県との県境付近，奥羽山脈山麓の標高約 450 m に位置している．敷地面積はおよそ 60,000 m^2，その内飼育池の面積は 5,809 m^2 である．飼育水は，岩手山の浸透水である水温 12℃（毎分 40.8 m^3）の水系と水温 9℃（毎分 6.6 m^3）の 2 水系があり，合わせて毎分 47.4 m^3（日量 6.8 万 m^3）の豊富な水量を用いている．また，この浸透水は 1985 年に環境庁から日本名水 100 選の 1 つに認定されており，当センターの水環境は非常に恵まれていると言える．当センターは，1962 年に養鱒場として発足し，ニジマス，イワナ，ヒメマスの種苗生産業務を行う他に，現在ではカジカやアユなどの河川資源の増殖，内水面養殖，魚類防疫に関する研究業務も

* 岩手県内水面水産技術センター

行っている．これらの業務により，試験用と生産業務用を合わせて，年間通しておよそ1,800千尾の魚を飼育している．

排水処理施設が整備される以前は，池の最下流部に沈澱池を設けて汚濁物の沈澱除去を行い，河川の汚染を軽減するように努めてきた．しかし，当センターの下流域の稲作農家から稲の立穂被害と悪臭に関する苦情があり，また，下流域の養殖業者では，水質悪化が引き金となる細菌性鰓病（鰓に細菌が付着し繁殖することによって，粘液が異常分泌し，狭雑物の付着や鰓の上皮細胞の異常増殖がおこり，魚が呼吸困難になり死亡する病気[1]）の発生による被害が出ていた．さらに，県の保健所からは排水の水質改善の指摘を受けていた．

そこで，河川に対する汚濁負荷の実態を調べるため，当センターの排水調査を行ったところ，給餌前後の排水の分析値はSS 1.0～3.0 mg / *l*，BOD 0.5～1.6 mg / *l*，T-N 0.51～1.09 mg / *l*，T-P 0.09～0.21 mg / *l*と源水の湧口（SS 1.0 mg / *l*，BOD 0.4～0.6 mg / *l*，T-N 0.28～0.39 mg / *l*，T-P 0.03～0.04 mg / *l*）と比較しても大きな変化は認められなかった（表4·1）．しかし，池清掃時とその1時間後に調査したところ，清掃時にSS 8.0 mg / *l*，BOD 3.0 mg / *l*，T-N 0.47 mg / *l*，T-P 0.21 mg / *l*を示し，通常飼育時から飛躍的に水質が悪化していることが判明した（表 4·2）．したがって，清掃時の排水が下流域

表4·1　通常飼育時の水質汚濁負荷分析値

試料名		BOD	COD	SS	T-N	T-P	NH_4-N	pH
湧口（12℃）		0.4	0.6	1	0.28	0.03	0.02	7.1
湧口（9℃）		0.6	0.4	1	0.39	0.04	0.02	7.0
成魚飼育池下	給餌前	0.8	1.2	3	0.48	0.09	0.17	7.2
	給餌後	1.0	1.5	1	0.56	0.13	0.20	7.2
親魚飼育池下	給餌前	0.6	0.7	1	0.58	0.10	0.25	7.2
	給餌後	0.5	1.0	1	0.73	0.11	0.25	7.2
総合排水	給餌前	0.9	0.8	1	0.51	0.11	0.21	7.2
	給餌後	1.2	1.0	1	0.64	0.11	0.25	7.2

（単位：mg / *l*）

表4·2　池清掃時水質汚濁分析値

試料名	BOD	COD	SS	T-N	T-P	NH_4-N
池清掃中	3.0	3.4	8	0.47	0.21	0.02
池清掃1時間後	1.6	1.0	1未満	0.45	0.05	0.04

（単位：mg / *l*）

の農家および養殖業者に被害を与える主な原因となっていることが推測された．これらのことから，河川に対する汚濁負荷の軽減を図るため，1994 年度に内水面基幹地域活性化事業水産資源環境整備事業（国庫補助）を導入し，養魚排水処理施設を整備するに至った．

また，当センターでは飼育に伴って発生する死魚と廃魚が年間約 12トン発生し，この処理については基本的に焼却によって行っていた．しかし，採卵後などに大量に発生した廃魚を処理する場合，焼却炉の容量を越えてしまい，土中に埋却していた．土中に埋却した場合，悪臭や鳥獣による掘り出しの害，蠅の大量発生などの問題が起こり，特に鳥は掘り出した廃魚を巣まで持ち帰る途中で池に落とし，魚病まん延の 1 つの原因になっていると考えられている．これらのことから，廃魚処理施設を整備することとした．

§2. 施設の設計と概要

排水処理施設を設計するに当たり，1993 年度に実施した排水調査の結果を基礎算定資料とし，某コンサルタント会社に設計を委託した．排水処理施設は，総合排水量が多いことと，汚染源が池清掃時の排水であると推定されたことから，池清掃時の排水のみを処理の対象とした．また，汚濁負荷の主体をなす浮遊懸濁物の除去は，自然沈降分離方式では 20 時間程度の滞留時間が必要となり，この滞留時間を維持するには施設規模が大きくなってしまうため，1.5 時間程度の滞留時間で浮遊懸濁物を分離できるように凝集剤を用いた凝集沈澱方式により行うこととした．この凝集沈澱方式では，凝集剤の化学反応によってリンの除去も同時に行われる．また，水溶性の残留 BOD 物質の除去は，微生物膜による接触ろ過方式での処理を行うこととした．

廃魚処理は廃魚が大量であることと水分量が多いことから，焼却方式では大型の施設が必要となるため，微生物による発酵処理方式を採用した．

2･1 当センターの推定汚泥堆積量

当センターでは 1 年間におよそ 100トンの市販配合飼料を使用している．この量は 1 日にすると乾燥重量で 330 kg になる．この値から，池底面に堆積する汚泥は乾燥重量で49.2kg / 日と推定された．しかし，事前の実験結果によると池底面に堆積している汚泥は，十分な酸素供給下では急速に自己消化されるため，汚泥量は 1 割程度に減少することが実験的に判っている（表 4･3）．この自己消化の効果は底面の形状や溶存酸素量などにより変化するため，安全を見て 50％が自己消化による分解を受けると見積もり，除去しなければならない汚泥の発生量は 24.6 kg / 日（乾燥重量）と推定された．

2･2　施設規模の算定

排水処理施設の規模を左右する処理水量は，池底面に堆積した汚泥を排水処理施設に移送する際に用いる池掃除機などのポンプの移送能力と台数，および掃除機の稼働時間によって決定される．当センターでは，自動水槽底面掃除機（Y 社製）4 台，手動式掃除機（S 社製）5 台を導入している．この 2 種類の能力はそれぞれ 50 *l* / 分，60 *l* / 分 であり，1 時間当たり最大で 30 m^3 の汚泥水が排水処理施設に移送することができる．1 日のうち掃除に使える時間は，給餌作業や飼育管理などを考慮すると最高で 5 時間が限界と考えられ，1 日当たりの最大汚泥水量は 150 m^3 と推定される．1 日の最大汚水量は，この水量に掃除作業終了後配管内のゴミなどを流すために必要な水の量を加えた 160 m^3 とした．この汚水を凝集沈澱方式によって分離するのに必要な沈澱水槽の大きさは，水面積負荷量（0.96 m^3 / m^2･時）と滞留時間（2 時間）から直径 6.5 m，水深 2 m となる．また，凝集沈澱によって分離された上澄みに残留している BOD 物質の除去を行う生物ろ過槽は，実験的に行われた凝集沈澱で分離された上澄みの BOD が 22 mg/*l*（1 日の最大汚水量に換算すると 3,520 g / 日）であったことおよび，ろ材表面積当たりの BOD 負荷量が 1.3 g / m^2とされていることから，生物ろ過に必要な面積は 2,708 m^2 となる．これらのことから，当センターの排水処理には，33.2 m^2×2 m の凝集沈澱槽と 2,708 m^2 のろ材（ネオレットろ材を使用している）面積をもった生物ろ過槽が必要と算出された．

廃魚処理施設は，1992 年度の廃魚発生実績（表 4･4）から最大日平均発生量 70 kg / 日（湿重量）を容量設計の基本量とした．また，発酵時間は 48 時間であるため毎日の処理を可能とするため 2 槽式とした．

表 4･3　曝気による固形物濃度の変化

日数（日）	0	6	22
汚泥濃度（mg / *l*）	700	89	77

表4·4　1992 年度　廃魚発生量実績

	ニジマス	イワナ	サクラマス	ギンザケ	計	日平均
4月	16.3	76.4	24.0	34.1	160.8	6.4
5	24.8	30.5	912.0	28.6	995.9	39.9
6	77.9	149.5	1,431.0	23.1	1,681.5	67.3
7	92.5	196.4	964.0	23.1	1,276.0	51.1
8	133.4	339.5		1,069.2	1,542.1	61.7
9	277.6	538.0		7.0	822.6	32.9
10	300.0	609.0		29.4	939.0	37.6
11	166.1	801.3		36.4	1,003.8	40.2
12	71.2	237.1		24.5	332.8	13.3
1	978.5	465.7			1,344.2	53.8
2	726.9	278.5			1,005.4	40.2
3	737.9	199.9			937.8	37.5
計	2,460.8	3,921.8	3,331.0	1,275.4	12,041.9	40.1

（注）月平均処理日数を 25 日とする．　　（単位：kg）

2·3　排水処理の概要

排水処理施設のフローチャートを図 4·1 に示す．初めに飼育池に沈澱している残餌や糞などの汚泥堆積物を掃除機によってポンプアップし，各飼育池に設置している配水管に導入する（図 4·2 矢印）．この配水管に流された汚濁水は一旦中間ポンプ槽に貯溜される．この水槽にはフロート式の自動ポンプが設置してあり，中間ポンプ槽に汚濁水が溜まるとポンプが作動し，凝集反応槽へと汚濁水が流れる（図 4·3 上部）．凝集反応槽では汚濁水に凝集剤であるポリ塩化アルミニウム（以下 PAC）が滴下され，真下にある凝集沈澱槽へ移送される．PAC 添加量は10mg / *l* の濃度で添加している．凝集反応槽内では，浮遊懸濁粒子の負荷電が PAC によって中和され，荷電を失い凝集反応が起こる．さらに，この凝集反応の際に生成される水酸化アルミニウムは，微細粒子を吸着するとともに，リン酸と結合しリン酸アルミニウムとなり沈降する．これらの凝集反応によって，沈澱物が分離される．この上澄みは球状ろ材を充填した生物ろ過槽（図 4·4）に流入し，残留している汚濁物はバクテリアによって吸着分解され，BOD などの除去を行う．生物ろ過槽を通過した処理水は，

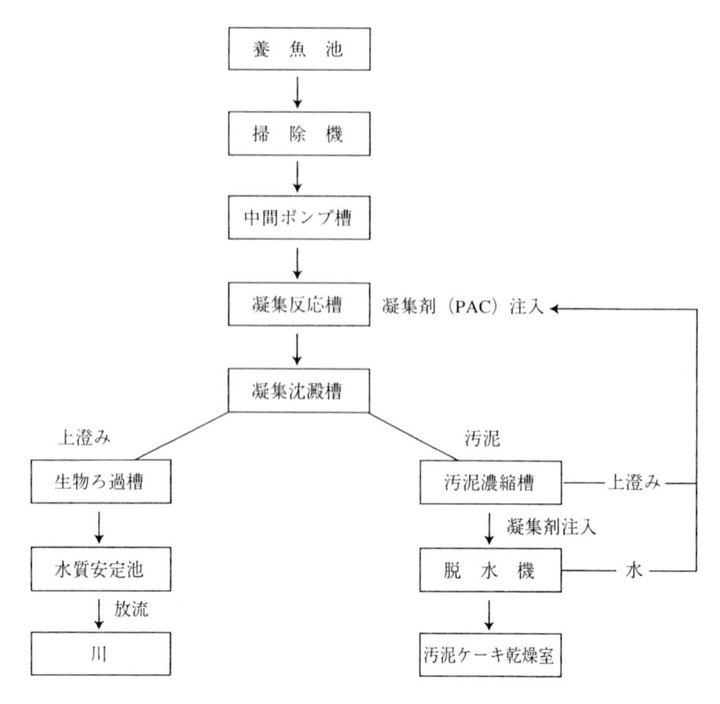

図4·1　排水処理施設のフローチャート

さらに水質の向上を図るため，自浄作用による処理機能を持った水質安定池（図 4·5）に滞留させ，この水が溜まりオーバーフローして，河川へ放流される．また，凝集沈澱槽で沈澱した汚濁物は，汚泥濃縮槽（図 4·6）にポンプで移送され，再度上澄みと沈澱物に分離し濃縮する．この時に分離された上澄みは凝集反応槽へと移送され処理を繰り返す．分離された沈澱物はろ布ベルト式加圧脱水機（図 4·7）で脱水され，

図4·2　飼育池に隣接して作られた排水導入管の入り口
矢印で示したものが入り口

図4･3　凝集反応槽と凝集沈澱槽
凝集反応槽：上部のボックス部分
凝集沈澱槽：下部のコンクリート部分

図4･4　生物ろ過槽

図4･5　水質安定池

図4･6　汚泥濃縮槽

図4･7　加圧脱水機

汚泥ケーキとなり，天日乾燥して山林や草地用の有機肥料として利用する．脱水された汚水は凝集反応槽へ移送され，再度凝集反応，沈澱分離の処理を受ける．

フローに示した処理工程を経ることにより，河川に放流される処理水の水質は，SS 8 mg / *l*，BOD 3 mg / *l*，T-N 0.3 mg / *l*，T-P 0.05 mg / *l* を維持することが可能となり，水産用水の水質基準値である BOD 5 ppm（ただしサケ科魚類およびアユについては 3 ppm），SS 10 ppm まで処理することができる．

2･4　廃魚処理施設の概要

廃魚処理施設の写真を図 4･8 に，処理のフローチャートを図 4·9 に示した．各養魚池から取り上げられた廃魚は，フォークリフトで廃魚処理施設に運搬される． 廃魚処理施設の廃魚投入口が高さ 2 m 位のところについているため，廃魚をベルトコンベアーに乗せ投入する．廃魚の水分量はおよそ 75～80％あり，発酵菌の活性条件である 50～60％に下げるため水分調整材（米糠や籾殻など）を入れ，55℃で 48 時間処理を行う．この際に発生する排気ガスは粉末と臭気が含まれているため，まずダストコレクターで粉塵を取り除き，臭気は微生物によって脱臭処理を行う．この発酵処理によって，廃魚は硬骨がやや残るものの，ほとんどが粉化されている（図 4·10）．この生成物について，肥料としての有効性を検討するため分析を行ったところ，廃魚のみを処理原料として生成物は T-N 9.8％，T-P 2.3％，K 1.3％，粗脂肪 16.8％を示し，廃魚と排水処理でできた汚泥ケーキを原料とした生成物の成分は，T-N 3.5％，T-P 2.6％，K1.4％，粗脂肪 2.3％を示した．魚カスを原料とした肥料の公定規格によれば，含有すべき主成分は窒素 7％以上，リン酸 3％以上，窒素とリン酸の合計量 12％以上で，塩分は 10％以下とされている [2)]．この値と廃魚のみから作成した生成物の値を比較するとリン酸がやや少ない

図 4·8　廃魚処理施設の外観

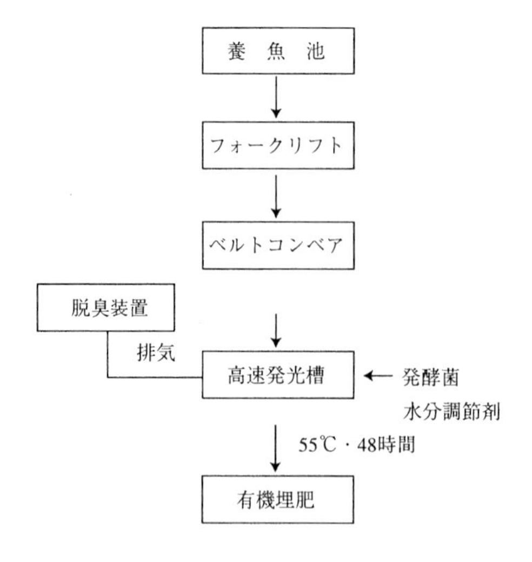

図 4·9　廃魚処理施設のフローチャート

もののほぼ公定規格をクリアーしており，肥料としての利用が可能であると考えられる．現在，廃魚処理による生成物は希望する農家などへ無償で配布している．

図4·10 廃魚処理による生成物

§3. 利用上の問題点

排水処理施設および廃魚処理施設は 1994 年度末に完成し，1995 年度から運転を開始している．しかし，次にあげる 3 つの大きな問題点が生じている．1 つは冬期間に配管内の残留水が凍結し，パイプが破裂してしまうことである．凍結対策として配管をヒーティングする方法，中間ポンプ槽の前にバルブを付け使用しない期間は水抜きする方法などが考えられたものの，費用などの面からよい解決策は得られていない．現在は，冬期間はニジマス，イワナなどの親魚が成熟して餌を食べなくなるため給餌量が減る上，積雪によって池清掃作業が困難となり，清掃回数が減少することから，12月初旬～3月中旬の期間運転を停止することとした．今後も排水処理の必要性は高まり，寒冷地で設置する可能性も高いため，十分な凍結対策を練る必要がある．第 2 の問題点は池清掃作業の負担が非常に大きいことである．現在導入されている自動掃除機は，リモコンで操作しなければならいため，手動掃除機とかわらず人員が 1 人必要である．当センターの人員では池清掃業務を負担することができないため，池清掃業務を委託している．排水処理システムを円滑に運用するためには完全自動の掃除機を導入し，省力化を図る必要があると考える．第 3 点目はランニングコストが非常に高いことである．1 年間の排水および廃魚の処理施設のランニングコストは，施設管理・メンテナンス料 752 千円，電気代 612 千円，薬品代 368 千円，清掃業務委託費 1,251 千円，合計 2,983 千円となっている．これから一般養殖場への普及を考えると大幅なコストダウンを図らない限り，非常に大規模の養殖場でも，施設の導入は難しいと言える．

排水処理の必要性は，現在の環境への関心の高まりとともに，ますます増していくと考えられる．当所で整備した排水処理施設にはまだ改良の余地があり，これらを改良し，一般の養殖場への普及を図っていく必要があると考えている．

文　献

1）（社）日本水産資源保護協会：マス類の魚病　魚類防疫技術書シリーズ，Ⅵ，44pp.，(1989)．

2）伊達　昇，塩崎尚郎：有機質肥料．肥料便覧第5版，農文協 1997，PP.185-18　8．

5. 堆積物回収による負荷軽減

熊 川 真 二*

魚は糞や尿を排泄する．川の上流域に棲むイワナなどのマス類にしても例外ではないが，それによって川が汚れるという印象がないのは，密度が低い自然界にあっては排泄物に起因する環境への負荷が川の自浄作用の範囲内に収っているためである．

一方，人間は養殖という名のもとに，限られた水面，水量の中で自然界に比べ過密な条件下で魚を飼育している．短期間での増重を目的に大量の餌を投じることが結果的に多大な負荷を生み出すが，排泄物などを効率的に回収できない限り，排水を介した環境への負荷は減らしようがない．とくにマス類のような流水式養殖では使う水が大量であるだけに，経済的に見合う排水対策を講ずることはこれまで困難であった．養殖施設の末端部に沈澱池を設置して糞などの有機物粒子を沈澱させ，時期が来たら取り上げるという対策が現実にはとられてきたが，これとてすべての施設に設置されているわけではなく，SS 以外の汚濁物質の回収効果は低い．

年間 3 万トン以上のニジマスを生産するデンマークでは既に 1991 年 1 月から養殖場排水に対する N，P および BOD の排水規制が実施されているが[1]，国内では今のところ公的な規制の動きはない．しかし，養殖業においても環境に配慮した養殖が求められるのは時代の趨勢であり，適切な対策を講じて環境への負荷を軽減していく必要がある．

ここではマス類養殖場を例に，糞を固形物として早期に飼育環境から回収する必要性とその方策の一端について述べる．

§1. マス類養殖の現状と汚濁負荷の実態

1・1 養殖生産量の推移

わが国におけるマス類養殖はニジマスを中心魚種として，冷たく清浄な用水

* 長野県水産試験場

をかけ流しする流水式の開放型養殖[2]として普及定着した．養殖生産量は図5·1に示すように1950年代から急増し，1983年には20,713トンまで生産量を伸ばした．その後やや漸減傾向にあるが，1997年現在の生産量は18,122トン（ニジマス13,366トン，その他のマス類4,756トン）で，内水面養殖ではウナギ養殖（24,171トン）に次ぐ重要な業種である．

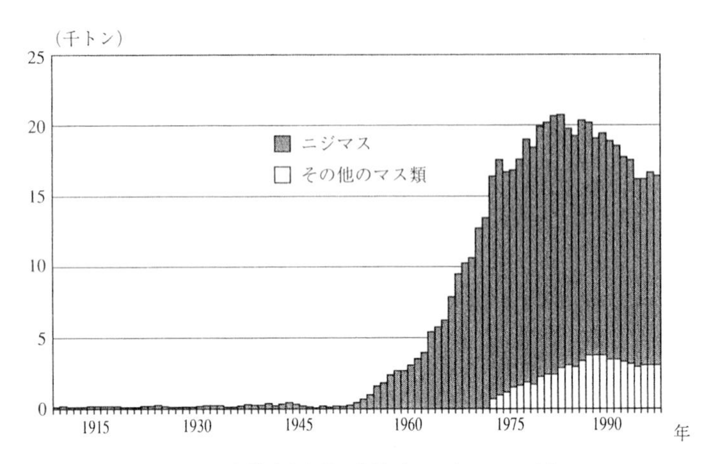

図5·1　マス類養殖生産量の推移（1909年～1997年）
資料：漁業・養殖業生産統計年報（1955年以前は水産業累年統計による）
その他のマス類はヤマメ，アマゴ，イワナ，ギンザケなど．

1·2　養殖場の概要

表5·1は全国養鱒技術協議会が1985～1987年度に21都県，延べ463経営体を対象に調べたマス類養殖場の概要[3,4]である．平均して1,490 m^2の総池面積に対して207 l/秒（17.9×10^3 m^3/日）の用水が使われており，注水量1 l/秒当たりの平均収容量は67.1 kgである．用水は河川水と地下水がほぼ同率で使われている．市場出荷を主用途とするニジマスの専業経営と山間地に多い在来マス主体の副業経営では経営規模に著しい差異がある．施設規模などの格差は，このような経営規模の違いによるところが大きい．

マス類養殖のような流水式養殖では止水式に比べて単位面積当たりの生産量（収容量）は多いが，逆に単位水量当たりの生産量は低い．このことは，排水対策を講じる際に，大量の水を処理しなければならないことを意味するので，可能な限り単位生産量当たりの水使用量は少なくすることが望ましい．

千葉[5)]は，コイなど4魚種について文献から増重1kgに必要な水量を求め，その最低および最高値をニジマスで67～235 m^3，再利用水を使用した場合で76～215 m^{3}と試算した．大渡は[6)]，ニジマスを1gから飼育した際の成長例（水温14℃）をもとに，150gまでの養成期間中に必要な注水量を水温別に示した．これから生産1kg当たりに必要な総注水量を計算すると水温10℃で110 m^3，15℃で153 m^{3}となる[7)]．多くの養殖場では水車，ブロアーなどの酸素供給装置を併用した用水の反復利用が行われているので，実際にはこれより少ない水量で生産は行われているはずである．

表5･1　用水の種類別に見たマス類養殖場の施設規模，使用水量と飼育状況[3, 4)]

用水*	総池面積 (m^2)	使用水量 (l/秒)	収容量 (トン)	収容密度 (kg/l･秒)	年生産量 (トン/年)	水温（排水部） (℃)
河川水	1430 (20～14850)	207 (0.3～1292)	12.4 (0.0～180)	56.8 (1.9～850)	27.3 (0.0～180)	11.6（冬7.2，夏17.4） (0.0～22.0)
地下水	1690 (20～14071)	220 (2.1～1505)	11.6 (0.1～80)	73.6 (0.0～1160)	39.2 (0.9～350)	13.7（冬12.3，夏15.6） (4.5～23.0)
全　体	1490 (20～14850)	207 (0.3～1505)	10.5 (0.0～80)	67.1 (0.0～1160)	29.1 (0.0～350)	

平均値（範囲）を示す．1985.10～1986.1，1986.8～9，1987.10～1988.1の3ヶ年調査の集計
* 用水別の経営体割合は河川水47%，地下水42%，混合利用11%（混合利用の内訳は省略）

1･3　汚濁負荷の実態

マス類養殖場の注排水*の水質および汚濁負荷濃度の測定値を表5･2[3, 8)]に示す．排水中に負荷される汚濁物質の濃度は，SSが1.2～2.6 mg/l，BODが1.2～1.5 mg/l，TNが0.39 mg/l，TPが0.09 mg/lで，いずれも低濃度である．魚の収容量と給餌量は通常春～秋にかけて増加し，冬～春にかけて減少するが[3)]，これに連動した季節変化が認められたのはNH_4-Nだけで，SS, BOD, PO_4-Pではほとんど変化がなかった．このことは，排泄された糞の多くは堆積物として飼育池または沈澱池に貯留されるため，時期によって全体の排泄物量が増えても懸濁物として排水中に流出する糞量に大きな変化はないことを示唆する．

負荷濃度と使用水量，収容量および給餌量から試算したマス類養殖場の汚濁負荷量を表5･3[8)]に示す．低濃度ではあるが排水量が多いだけに，1養殖場当

* 注水：養殖場最上端の飼育池注水部，排水：養殖場最末端の飼育池排水部

たりの SS 負荷量は 71.1 kg / 日と極めて大きく，給餌した飼料の約 40％が排泄物を経て SS となり，環境中に負荷されていることがわかる．

表 5･2　マス類養殖場における注排水の水質と汚濁負荷濃度[3, 8)]

		長野県（1997～95）[8)]			養鱒協（1985～87）[3)]						水質汚濁*
		12～2月（N＝5）			10～1月（N＝201）			8～9月（N＝262）			防止法の
		注水	排水	負荷	注水	排水	負荷	注水	排水	負荷	排水基準
SS	(mg / l)	0.9	3.5	2.6	1.9	3.2	1.3	2.8	4.0	1.2	50 (200)
BOD	(mg / l)	1.4	2.9	1.5	1.1	2.3	1.2	1.0	2.2	1.2	20 (160)
T-N	(mg / l)	2.20	2.59	0.39	–	–	–	–	–	–	60 (120)
NH_4-N	(mg / l)	0.01	0.31	0.30	0.05	0.28	0.23	0.08	0.54	0 46	– (–)
T-P	(mg / l)	0.02	0.11	0.09	–	–	–	–	–	–	8 (16)
PO_4-P	(mg / l)	0.01	0.07	0.06	0.03	0.10	0.07	0.09	0.17	0.08	– (–)

* 日平均排水量 50 m^3 以上の特定事業場に適用される一律排水基準の日間平均値（最大値）

表 5･3　マス類養殖場における汚濁負荷量[8)]

	SS	BOD	T-N	T-P
養殖場当たり負荷（kg / 場･日）	71.1	32.0	7.4	1.9
飼育魚 1 kg 当たり負荷（g / kg 魚･日）	5.5	2.9	0.9	0.2
給餌量 1 kg 当たり負荷（g / kg 飼料･日）	440.6	169.3	45.0	9.6

平均使用水量 417 l / 秒，収容量 11.6 t / 場，給餌量 179 kg / 日（N＝5）

§2．飼育環境中の汚濁負荷物質の動態

汚濁負荷の源はいうまでもなく餌である．魚は摂餌した飼料のすべてを消化吸収できるわけではないので，未消化の残渣部分は糞として，物質代謝で生じた含窒素性終末産物は尿あるいは鰓からの排泄物として，それぞれ水中に排泄される．また，給餌の際に魚が摂餌できずに散逸した飼料が残餌であり，これらが汚濁負荷の直接要因となる．

2･1　堆積物の形成課程

魚体を離れた糞は，鉛直方向に向かう糞の沈降速度と注水から排水側に向かう流速のベクトルが示す方向に沈降する．マス類養殖場に多い方形池には通常，糞の沈降速度を上回る流速は形成されていない[9)]．しかも，魚自体は比較的底層部に定位しているため，糞は排泄位置のほぼ直下に沈澱する．一旦沈澱した糞を動かすには沈降速度以上の流速が必要となるが，池内には魚の活動に伴う攪拌流が随所で発生しており，これが動力となって糞は底面から巻き上げられ，

浮上と沈澱を繰り返しながら排水側に移行する．魚の攪拌の影響を受けない部位に達した糞は分解微生物膜の生成によって次第に凝集，フロック化して底面に固着する．やがて糞が次々とこの部分に集積することにより，堆積物の層が形成される（図5·2）．

一方，糞は固形物とはいっても軟弱な構造物であるから，排泄直後から攪拌などの影響で破砕が生じ，剥離した固形物は懸濁物となって水中を浮遊する．一部は沈降して堆積物中に吸収されるが大半は池外に流出する．また，これらの課程の中で糞から溶出した溶解性成分は，尿などの排泄成分とともに池外に流出する（図5·2）．

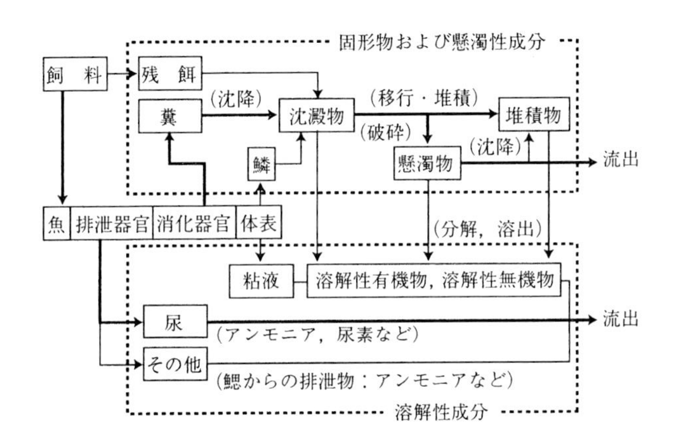

図5·2　飼育池における排泄物の動向（ → 主経路）

魚による糞の攪拌は日の出後の魚の活動開始時や給餌前後に多く，収容密度が多いほど，また魚体重が大きいほど顕著である．適度な攪拌は糞の移行に有利に働くが，極度の攪拌は糞の破砕と懸濁物の浮上を強める要因となる．

2·2　糞からの汚濁物質の溶出

糞からの有機物の溶出はBODとして測定可能な生物分解性物質の減少率で，また，栄養塩類であるN，Pの溶出はDTN / TN比とDTP / TP比でそれぞれ捉えることができる．排泄後1時間以内のニジマス糞を用い，これらの糞中物質の溶解による半減期を求めたところ[8]，BODは6日，Nは23日，Pは1日と速く，いずれも短期間のうちに溶出が進むことがわかった（図5·3）．

したがって，固形物の回収に併せてＮおよびＰの負荷を効果的に削減するためには，溶出が起こる前の沈澱物の段階で早期に取り出すことが重要である．特にＰの場合はより迅速な対応が求められる．

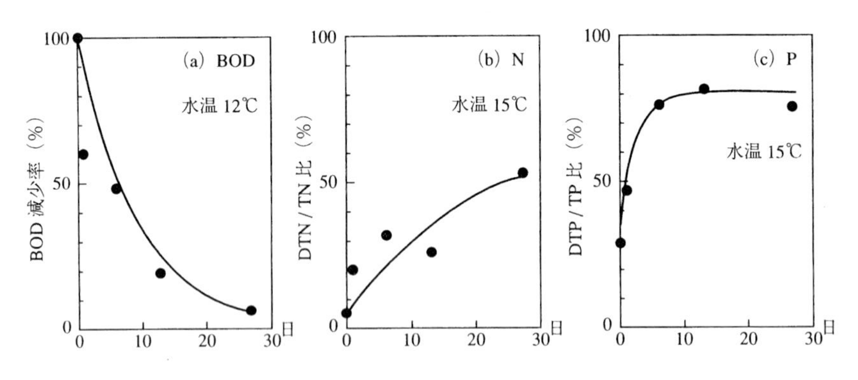

図 5·3　糞からの汚濁物質の溶出（BOD，N，P）[8]
いずれもニジマスの排泄後1時間以内の糞を使用（魚体重 200～300 g，市販の SP 飼料を給餌）
(a) 換水率 1 回／時の流水中に静置，(b) (c) はフラスコ内で 60 rpm (30 mm幅) の振とうを加えた．

2·3　排泄糞量と糞中のＮ，Ｐ含量

汚濁負荷量の試算から，給餌した飼料の約 40%が SS として負荷されることが推定された（表 5·3）．給餌によって発生する 1 日当たりの排泄糞量を把握するには，代謝性Ｎの測定法[10, 11]に準じ，一定量の飼料を 3～4 日間与えたのち，その後 24 時間に排泄された糞を採取して測定する方法が適している．ニジマスでは水温 10～14℃，魚体重 28～58 g の場合で，給餌量の 25～35%の範囲内に収まる測定値が多く[12, 13]，筆者らが行った試験でも水温 12℃，魚体重 10 g で約 30%であった．水温や飼料の消化率，魚の体調，あるいは糞の採取条件などで差が生じるが，ほぼ給餌量の 30%がニジマスの排泄糞量とみてよさそうである．

ニジマス糞中のＮおよびＰ含量はそれぞれ 2～3%，3～6%程度[14, 15]である．これは一般的なマス用飼料を与えた糞の平均的な含量であるが，飼料中のタンパク質含量と糞中のＮ含量には相関のあることが知られる[10]．Ｎ含量がＰに比べて少ないのは，魚体内に吸収されたＮはアンモニアなどの溶存態で排泄される比率が高いためと考えられる．淡水魚では腎臓を経由せずに鰓から直接排泄されるアンモニアが多い[16, 17]．

§3. 飼料の選択による汚濁負荷軽減

汚濁負荷の源は飼料であり，負荷軽減に果たす飼料の役割は今後ますます重要性を増すと考えられる．従来ハマチ，マダイなどの海面養殖では生餌が広く用いられてきたが，餌の散逸による漁場環境の悪化が深刻な問題となった近年，生餌からドライペレット（DP）への飼料転換[1]が急速に進んだ．内水面養殖では既に昭和 40 年代から DP が普及した背景から，この部分の余分な負荷は回避できている．今後は負荷の少ない，環境にやさしい DP を選択，使用することにより，発生する負荷の絶対量を軽減していく必要がある．

3･1 3 つの飼料形態

現在マス類養殖に用いられている DP にはスチームペレット（SP），エクストルーダーペレット（EP），エクスパンダーペレット（EX）の 3 形態がある．各 DP の物性や特性は製造工程，特にマシンの性能差によるところが大きいが，3 形態の中で最も高温・高圧処理が施される EP では飼料中の澱粉の α 化率と飼料への脂質添加能が大幅に向上している．ここでは同一原料から製造方法を変えて作成した 3 形態の DP を用いた各種比較試験から明らかになった EP の利点を列記する．

3･2 EP 飼料の利点

1） 給餌量の軽減： α 化率が高いほど魚の炭水化物利用率は向上するので[18]，成長や飼料効率を向上させるには有利である．至適 α 化率はマダイで 50％前後である[19]．ニジマスでも 60％以上の EX と EP でほぼ同等の良好な成績が得られていることから[8]（表 5･4），至適 α 化率はこの前後と考えられる．増肉係数から見た SP 対比で，EP は約 6％，EX は 4％の給餌量軽減効果がある．また，脂質含量を増やして飼料中のエネルギー効率を高めることは，タンパク質のエネルギー源としての消費分を節約し，魚体中へのタンパク蓄積率を向上させるタンパク質節約効果[20]がある．脂質含量 15％の試験用 EP と 4％の市販 EP を比較すると[8]（表 5･4），脂質含量が 10％多いと飼料効率は 14％改善しており，増肉係数から見て 12％の給餌量を軽減できる．単位生産量当たりの給餌量を軽減するには，脂質含量が少なくとも 10％以上の EP あるいは EX を積極的に利用すべきである．

2） 残餌と給餌ロスの軽減： 過剰に投与されて池の底に沈澱した餌は，魚に

表5･4　同一原料から製造方法を変えて作成した試験用 DP（SP，EX，EP）および市販 DP（SP，EP）を用いたニジマス飼料試験の飼料成績[8)]

		試験用 DP			市販 DP[*1]			
		SP	EX	EP[*2]	SP-1	SP-2	SP-3	EP-1[*3]
一般成分値など	水分（%）	8.2	8.0	7.5	8.7	8.9	8.3	9.6
	粗タンパク質（%）	47.2	47.4	48.0	＞47.0	＞45.5	＞45.0	＞45.0
	粗脂肪（%）	15.4	14.8	14.9	＞4.0	＞3.0	＞3.5	＞4.0
	粗灰分（%）	9.0	9.1	9.2	＜15.0	＜15.0	＜15.0	＜15.0
	多糖類の α 化率（%）	30.9	63.1	100.0	−	−	−	−
	比重	1.24	1.24	0.81	1.23	1.13	1.14	1.08
	沈降速度（cm / 秒）[*5]	12.8[a]	12.9[a]	2.1[f]	11.6[b]	10.4[c]	9.4[d]	6.5[e]
飼育条件	飼育期間	1996.9.9～11.11（63 日間）						
	飼料施設	方形コンクリート池 600 *l*（L 1.5 m×W 1.0 m×D 0.4 m）						
	飼育用水	地下水（注水量 30 *l* / 分，換水率 3.0 回 / 時に設定）						
	飼育水温	12.0～12.5℃（9 時）						
飼育成績[*4]	供試尾数（尾）	70	70	70	70	70	70	70
	開始時平均体重（g）	54.9	55.1	54.9	56.2	55.5	55.1	55.0
	終了時平均体重（g）	109.1	113.1	113.4	103.1	100.5	103.3	104.8
	飼料効率（%）[*5]	108.2[b]	113.2[ab]	114.6[a]	94.8[d]	93.2[d]	98.9[cd]	100.8[c]
	日間給餌率（%／日）	1.01	1.01	1.01	1.02	1.01	1.01	1.02
	日間成長率（%／日）	1.09	1.15	1.15	0.96	0.95	1.00	1.02
	増肉係数	0.925	0.884	0.873	1.055	1.073	1.011	0.993

[*1]　一般成分値は包装表示値，[*2]　浮上性 EP，[*3]　沈降性 EP，[*4]　反復区の平均値，
[*5]　異符号間に有意差が認められる（$p<0.05$）

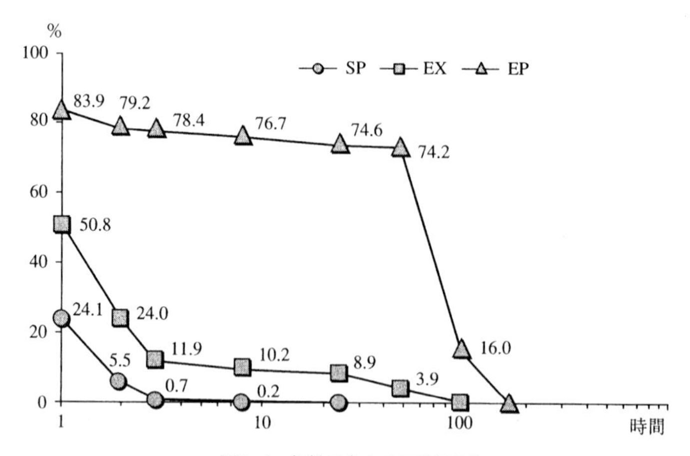

図5･4　飼料の水中での残存率[8)]
表 5･4 に示した試験用 DP を用いた．2 mm メッシュのネットに入れ，換水率 10 回／時の流水中に静置したとき，崩壊・流出しないでネット内に残った飼料の開始時を 100％としたときの相対重量比で示した．

摂餌されないと残餌となり，崩壊，粉化して SS 負荷を増加させる要因となる．しかし，保型性に優れる EP は，吸水・膨潤しても，製造工程の中で付与された強い組織力によって粒子の形状を 48 時間保持できるので [8]（図 5·4），本来なら残餌となる部分の負荷を大幅に解消することができる．また，構造が脆い SP では粒子同士の接触によって粉化が起こり易く，飼料ロスばかりか不用な飼料粒子を撒き散らす原因となるが，EP はこの面でも優れている．なお，EP は沈降速度が穏やかなので，摂餌性にも優れる（表 5·4）．

3）排泄糞量と TP 負荷の軽減：EP では飼料の消化率が向上している反面，SP に比べて消化管内に滞留する時間が長くなる特徴がある [8]（表 5·5）．EP を給餌すると SP に比べて，排泄糞量が 85％程度に抑えられること [8]，単位生産量当たりの P 負荷を約 10％軽減できること [21] が明らかになっている．

表 5·5　ニジマス糞の時間別排泄比率（%）[8]

	給餌からの経過時間（3 日間餌止後）		
	～24	～48	～72hr
SP	31.7	59.4	8.9
EX	27.6	61.6	10.8
EP	17.7	59.8	22.5

魚体重 55g（水温 12.8℃），試験用 DP を給餌

4）糞の性状と沈降速度：魚体重が大きいほど排泄糞の径は大きく，沈降速度も速いことは魚体重 1.5 g で 2.0 cm / 秒，93 g で 6.7 cm / 秒というニジマスの測定例 [15] から明らかである．一方，65 g のニジマスに各 DP を給餌して得られた糞で比較すると，EP を摂餌した糞（以下 EP 糞という．他の DP も同じ）は SP 糞に比べて直径が細く，沈降速度が遅いことがわかった [8]（表 5·6）．

表5·6　ニジマス排泄糞のサイズ，沈降速度および密度

	糞のサイズ			沈降速度 [8] **	密度***
	実測値（円柱型）[8]		換算値（球）		
	長さ L（mm）	直径 d（mm）	直径 d（mm）	ω（cm / 秒）	ρ_s（g / cm^3）
SP	4.73^{a*} ±1.87	2.52^a±0.30	3.49^a±0.42	4.61^a±0.61	1.055^a±0.012
EX	4.92^a ±2.06	2.34^b±0.27	3.37^b±0.51	3.54^b±0.43	1.039^b±0.008
EP	5.36^a ±2.05	2.23^b±0.37	3.34^b±0.45	3.42^b±0.76	1.038^b±0.010

Mean ±S.D.（N＝100），魚体重 65 g，試験用 DP を給餌後の排泄糞

*　異符号間に有意差が認められる（$p<0.05$）

**　直径 20 cm，水深 100 cm の沈降管に水温 12℃の水を満たし，静水状態で測定

***　Allen の沈降速度式を適用して算出した計算値

一般に球形単粒子の沈降には粒子のサイズが関与するが，ニジマス排泄糞のサイズと沈降速度の関係から [8]，糞の沈降を決めるのは長さではなく，直径であることがわかる．糞を球に見立てた場合も球の直径と沈降速度の間に正の相関が認められる（図5･5）．

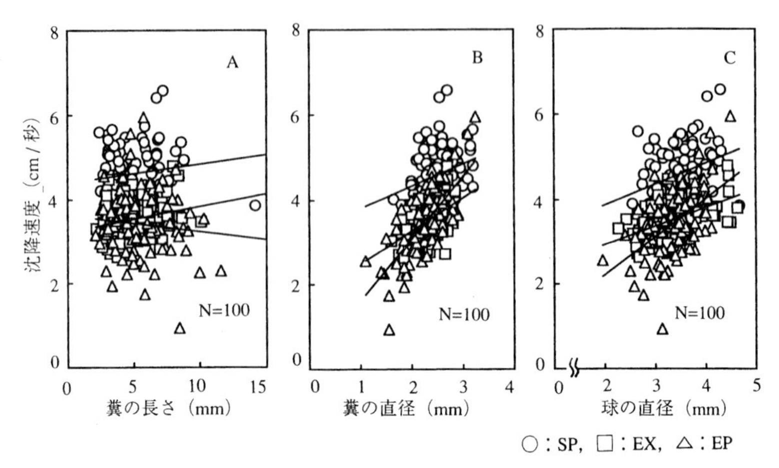

図5･5　ニジマス排泄糞のサイズと沈降速度の関係（魚体重65 g）
A，B [8] は排泄糞の長さと直径，C はこの糞を等価球に換算したときの直径と沈降速度の関係を示す（表5･4 に示した試験用 DP を給餌後に排泄された糞を使用）

糞の沈降には密度が大きく関係することから，等価球換算の糞の直径 d（cm）と沈降速度 ω（cm / 秒）から糞の密度 ρ_s（g / cm^3）を試算した．球形単一粒子の沈降速度式には Allen 式（5･1 式）を適用した．この式を変形した 5･2 式には次の値を当てはめた．水の粘性係数 μ =0.0135g / cm･秒（水温 12℃），水の密度 ρ =1.0 g / cm^3，重力加速度 g =980 cm / 秒^2

$$\omega = 0.223 \left[\{ (\rho_s - \rho)^2 \ g^2 \} \ \mu \ \rho \right]^{1/3} d \qquad (5\cdot1)$$

$$\rho_s = \sqrt{\left(\frac{\omega}{0.223 \times d} \right)^3 \frac{\mu \ \rho}{g^2}} + 1 \qquad (5\cdot2)$$

その結果，EP 糞は SP 糞に比べて密度が小さく，軽い性状をもつことがわかった（表5･6）．破砕された糞でも EP 糞が沈降性に劣る [8] のはこのためと考えられる．EP を使うと池が奇麗になると養殖業者は口にするが，池から糞を流出させやすいという面では優れるが，沈澱させて固形物として回収する上ではやや難点がある．

§4．飼育環境からの固形物回収

4・1 固形物回収による汚濁負荷軽減効果

糞を固形物として排泄後速やかに回収した際の汚濁負荷削減効果をニジマスを用いた 24 時間収支の水槽実験で確かめた．糞は排水部に設置した 260 μm のメッシュ上で受け 3 時間毎に回収したが，メッシュ部にかかる水圧の影響で通過してしまう部分があるため，固形物として全量を捕捉することはできない．しかし，排泄された糞の約 80%を固形物として回収できれば，BOD で約 50%，溶出の速い P でも約 70%に当たる負荷を軽減できることが実証された[8]（図 5-6）．N の回収率が約 10%と低いのは，尿などとして排泄される比率が高いためと考えられるが，当面 N に関しては飼料中の N を削減することが有効な方策である．

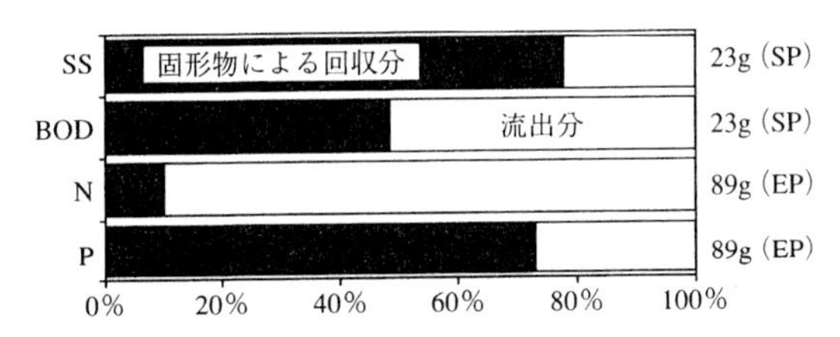

図 5・6 固形物回収による汚濁負荷軽減[8]
水容積 50 l のアルテミア水槽を用い，50 kg のニジマスを飼育したときの 24 時間収支から求めた．各項目とも魚体重（23～116 g を変えて試験した中の固形物による回収分が最も高い例を示す．

4・2 固形物回収方法の検討

糞の破砕や溶出を考慮すると，飼育池内から排泄直後の糞を少量の水とともに連続的に回収し，別の装置に接続してさらに固液分離する固形物回収策が有効であると考えられる．

排泄直後の沈澱した糞はほぼ 5 cm / 秒の流速があれば容易に動かすことができる．図 5・7 に示した試験装置に 10 g のニジマスを収容し，散気管からの送気によって形成される水槽側面から内側に向かう底面流（5 cm / 秒）を動力として糞を水槽中央部に流集させ，下に敷設した副排水管で外部に取り出した．

その結果，全体の排水量の 1/10 の水量で 36%，2/10 で 63%の糞を固形物として回収することができた．このような回収法は幅のせまい小規模の池には有効であるが，幅の大きな大規模な池への応用は困難である．また，1 池当たり 1/10～2/10 の水量ではあっても複数の池の副排水を集めるとなれば相当の水量となるため，スワール分水槽の原理などを応用したさらなる糞の濃縮方法の検討が必要となる．

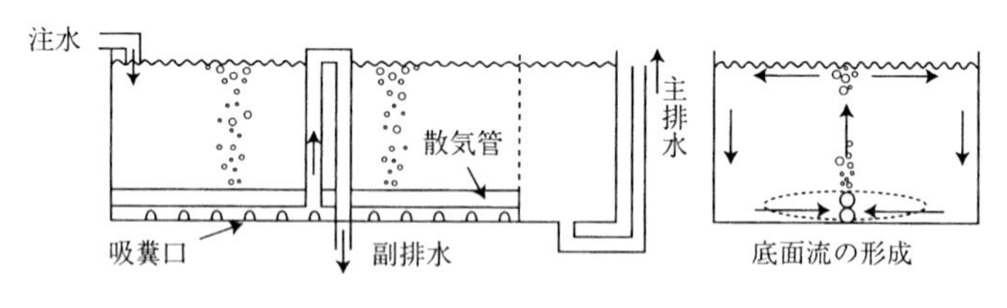

図 5･7　固形物回収水槽の概要

マス類養殖業者には脆弱な経営体が多く，下水処理施設などで使われている処理技術をそのまま養殖場にあてはめることは施設への多大な投資とランニングコストの面で経済的に引き合わない．したがって，既存の施設の中で飼育池や沈澱池に改良を加えることで対応可能な，低コストで効果的な養殖負荷低減システムの開発を行い，環境にやさしい低負荷型のマス類養殖を推進していかなければならない．現在，その検討を進めている．

文　献

1）渡辺　武：養殖，29（8），68-79（1992）．
2）丸山俊朗・鈴木祥広：日水誌，64，216-226（1998）．
3）静岡県水産試験場富士養鱒場：養鱒用水・排水連絡試験とりまとめ報告書，39pp.（1991）．
4）静岡県水産試験場富士養鱒場：第 13 回全国養鱒技術協議会要録，66-77（1988）．
5）千葉健治：淡水養魚と用水（日本水産学会編），恒星社厚生閣，1980．pp.30-46．
6）大渡　斉：養殖，15（7），44-48（1978）．
7）野村　稔：淡水養魚と用水（日本水産学会編），恒星社厚生閣，1980，pp.64-83．
8）古川賢男・三城　勇・中村　淳・細江　昭・武居　薫・降幡　充・熊川真二：環境に配慮した内水面養殖をめざして（養魚堆積物適正処理技術開発事業報告書），全国内水面漁業協同組合連合会，1997，pp.105-196．
9）佐野和生：アクアネット，2（2），34-40（1999）．
10）荻野珍吉・柿野　純・陳　茂松：日水誌，39，519-523（1973）．
11）荻野珍吉・川崎秀夫・南梨　弘：日水誌，46，105-108（1980）．

12）群馬県. 第5回養鱒協要録, 294-300（1980）.
13）群馬県. 第6回養鱒協要録, 211-215（1981）.
14）加賀豊仁・沢田守伸：栃木水試業報, 37, 47-54（1993）.
15）五十嵐保正：静岡水試事報, 233-236（1993）.
16）出口吉昭：活魚輸送（日本水産学会編）, 恒星社厚生閣, 1982, pp.22-37.
17）尾崎久雄：魚類生理学講座. 腎臓の生理, 緑書房, 1977, pp.71-236.
18）竹内俊郎・鄭　寛植・渡辺　武：日水誌, 56, 1839-1845（1990）.
19）鄭　寛植・竹内俊郎・渡辺　武：日水誌, 57, 1543-1549（1991）.
20）竹田正彦：養魚と飼料脂質（日本水産学会編）, 恒星社厚生閣, 1978, pp.78-92.
21）竹内俊郎：環境に配慮した内水面養殖をめざして, 全国内水面漁業協同組合連合会, 1997, pp.283-288.

6．循環型養殖システムによる負荷低減 *1

菊　池　弘太郎 *2

循環ろ過養魚とは同じ飼育水を一定期間繰り返し利用し魚類を成育させる方式である．海面養殖や海水掛け流し養殖に比べて，水温などの飼育環境の調節が容易で，赤潮や台風など自然環境の影響を受けにくく，さらには残餌や排泄物による周辺海域の汚染を招き難いなどの利点がある．最近，環境基本法の制定などと関連して，水産分野でも環境との共生が求められており，循環型による養殖に対して関心が高まりつつある．筆者らは，1986 年以来，ヒラメを対象とした循環ろ過養殖技術の開発を行ってきた．本章では，飼育水の循環再利用に際して重要となる排泄物の処理技術などについて紹介する．

§1．循環型養魚の歴史と現状

魚類の循環ろ過飼育に関する研究は，日本では 1950～60 年代にかけて水族館を中心に行われ，ろ過槽の機能[1-5]や浄化微生物の生理特性[6,7]などについて多くの知見が集積された．1962 年には水産増殖懇話会によって「循環ろ過式飼育装置に関するシンポジウム」が開催され，コイやレンギョを対象とした飼育例も報告されている[8]．また，ウナギに関しては産業規模での生産も試みられた[9]．しかしながら，それ以降は 1981 年に水産庁が養鰻用水の有効利用について検討した例[10]を除き，循環型養魚に関する研究はほとんど行われていない．

欧米では，1970 年代以降，主に硝化，脱窒作用に関して多くの基礎的な研究が行われ[11]，排水処理で使われてきた活性汚泥法や散水ろ床法，あるいはオゾン殺菌などの導入や効率的な酸素供給法の開発など，技術的な面に関して多くの情報が蓄積された[12]．また，硬骨魚類だけでなくイカやエビなどの飼育も試みられた[11]．1980 年代後半からは，高密度飼育と関連して，懸濁態有機物

---

*1 本稿は，菊池弘太郎：日水誌，64，227-234（1998），をもとに作成した．

*2 電力中央研究所我孫子研究所

の除去や炭酸ガスの制御に関する技術開発も行われている[12, 13]．この結果，現在，スウェーデンでは80トン／年の生産が可能なEuropean eelの養殖システムが稼動しており，デンマークでも年間950トンのAfrican catfishが循環ろ過方式で生産されている[14]．また，アメリカでも，ティラピアを対象とした総水量約5,000トン（AquaFuture Inc, MA）ならびに約8,000トン（Blue Ridge Aquaculture Inc, VA）の生産システムが稼動しており，循環型によるSummer flounderの養殖生産も検討されている（Great Bay Aquafarms Inc, NH）．

§2. 循環型養魚のための水質管理技術

2・1 酸素供給

飼育水中の溶存酸素の維持は，循環型のみならず養殖全般においてもっとも重要な課題である．循環型養魚では，通常，微生物の代謝を利用して魚の排泄物を処理することにより飼育環境を良好な状態に維持する（後述）．ヒラメの循環型養魚についてみると，この過程で消費される酸素は魚による消費の50%程度と推定される（図6・1）．日本ではエアレーションによる酸素供給が一般的であるが，欧米では酸素発生器や液体酸素などの純酸素がごく普通に使われる．Losordo and Westermanの報告では，循環型システムにおけるティラピ

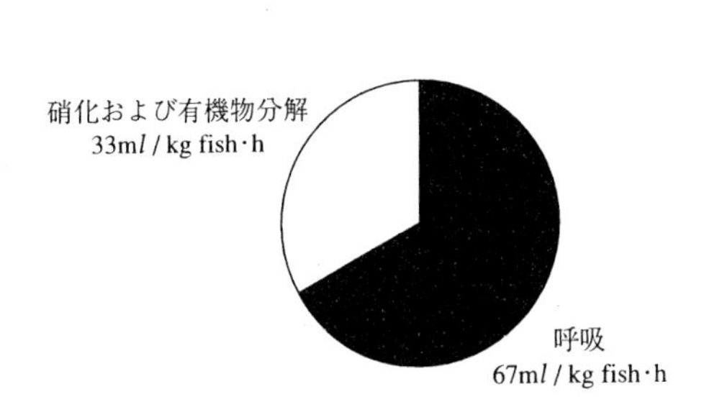

図6・1 ヒラメを対象とした循環ろ過養魚システムにおける酸素消費（菊池，未発表）体重600 gのヒラメに2.5～4.5%（湿重量／湿重量）のマアジを与えた際の値をもとに作成.

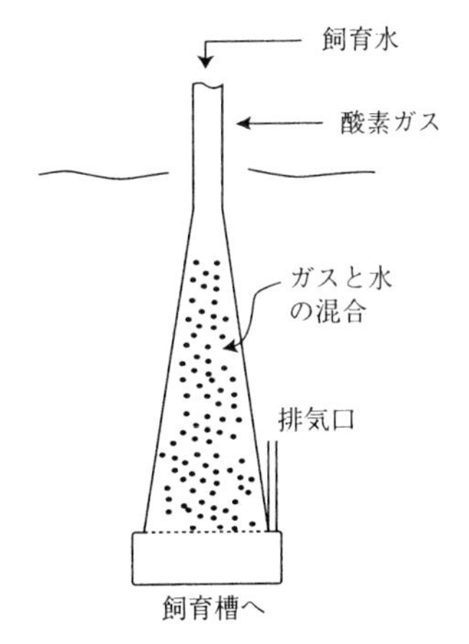

図6・2 ダウンフローバブルコンタクターの模式図[12]

アの生産コストは，エアレーションを用いた場合の 2.79$ / kg に対し純酸素では 2.86 $ / kg であり[15]，両者で大きな違いはない．酸素と飼育水との接触時間を長くし，酸素を効率的に溶解させる装置（Down-flow bubble contactor など，図 6·2）についても検討が行われている[12]．

2·2 アンモニア処理の必要性

魚類の排泄物は各種の電解質とアンモニアや尿素，尿酸などの含窒素性終末産物，さらには糞などであるが，循環ろ過養魚で問題となるのは含窒素性の終末産物である．なかでもアンモニアは多量に排泄され[16−18]，ヒラメでは糞を含む窒素排泄物全体の 50％以上がアンモニア態である[19]．加えて，一定濃度以上のアンモニアは魚類の成長に影響を与え[20] *，さらには死に至らしめることから，その処理は循環型養魚における主要な課題の 1 つである．

アンモニア処理技術には，アンモニアストリッピング法，不連続点塩素処理法，イオン交換法ならびに生物学的処理法などがあるが，循環型養魚では生物学的処理法がもっとも有効と考えられる[21]．微生物の代謝を利用した生物学的処理法は，活性汚泥法，砂などのろ材を用いる生物膜法，さらには微生物固定化法などに大別されるが，魚類の飼育ではほとんどの場合，生物膜法が使われている．また，通常は，アンモニアから硝酸までの酸化（硝化）が主体で，硝酸の還元（脱窒）はあまり行われていない．主な理由としては，アンモニアや亜硝酸に比べ硝酸の毒性が低いこと*，また，欧米で行われている循環ろ過養魚では，ほとんどの場合，1 日に全飼育水の 5～10％程度が新しい水と交換されるため，硝酸濃度の著しい上昇がないことがあげられる．

2·3 硝　化

硝化はアンモニアから亜硝酸への酸化，亜硝酸から硝酸への酸化という 2 つの過程からなる．前者に関与する微生物としては *Nitrosomonas*, *Nitrosospira*, *Nitrosococcus* ならびに *Nitrosolobus* 属が，後者については *Nitrobacter*, *Nitrospira*, *Nitrococcus* 属が知られている[22]．これらの細菌はいずれも化学独立栄養細菌であり，また，いずれの反応も酸素を消費するが，反応が障害なく進行するためには硝化槽出口で 2 mg / *l* 以上が必要とされている[12]．硝化，

---

* 本田晴朗，岩田仲弘，武田重信，清野通康：平成 2 年度日本水産学会秋季大会講演要旨集，p.93（1990）．

特にアンモニアの亜硝酸への酸化ではアルカリを消費し pH を低下させる．また，pH 6 以下ではアンモニア酸化が阻害される [12]．実験的には，毎日 1 g のエビを給餌してクロダイを飼育すると 0.92 meq. / 日の割合で飼育水のアルカリ度が低下すると報告 [23] されており，さらに 1mg-N / l のアンモニアの酸化により海水のアルカリ度が 0.11 meq. / l 低下するとの知見 [24] もある．海水のアルカリ度が通常 2 meq. / l 程度であることから，20 mg-N / l 以上のアンモニアが処理される場合，アルカリ源の供給が必要になる．なお，通常アルカリ源として用いられるサンゴ砂やカキ殻などは，長期間の使用では不溶性となるためあまり効果的ではないとの説 [25] もある．アンモニアならびに亜硝酸酸化細菌群が十分量増殖し，ろ過槽内の菌相が安定状態となると，飼育水中にアンモニア，亜硝酸は検出されなくなり，飼育経過に伴う硝酸濃度の直線的な上昇がおこる．このような状態を熟成と呼ぶが，完全な熟成には通常 2 ヶ月程度を要する．また，増殖速度の違いから，ろ過槽の熟成にはアンモニア酸化細菌が制限要因となる [12]．

循環型養魚におけるアンモニア処理は，通常，以下に示す 6 種類の方式で行われている [12]．

（1）浸漬ろ床（Submerged filters）

浸漬ろ床は，ろ過槽に充填した砂や砕石，プラスチック製のろ材が常時飼育水中にあるもので，飼育水を下から上に向かって流す上向式と，逆の下向式がある．微生物への酸素供給が処理水によってのみ行われるため，それがアンモニア酸化速度を制限する要因となる．通常，ろ過槽を浅く設計するため，処理水のポンプアップに要するエネルギーは小さい．

ろ材を選択する際の基準は比表面積（m^2 / m^3），入手し易さ，価格などである．従来は砂や砕石が使われてきたが，最近では種々のプラスチック製やセラミック製のろ材が開発されている．プラスチック製ろ材は，空隙率が高いため酸素を含む水がろ過槽全体に供給されやすい，比重が小さく扱いやすいなど多くの利点を有している．

筆者らは，総水量 10 l の浸漬ろ床方式のモデルフィルターを用い，陶磁器製のボール（比表面積，270 m^2 / m^3），セルサイズの異なる 3 種類のハニカムチューブ（130，500，1,000 m^2 / m^3），ネット状（350 m^2 / m^3）ならびに繊維状

(1,440 m²/m³) ろ材をいずれも 1 l 容ろ過槽に充填した際の，海水中のアンモニア酸化に伴う水質変化やアンモニア酸化速度などについて検討した[24]．表 6·1 は，塩化アンモニウムのみを数ヶ月間添加した後の，各ろ過槽ならびにろ材のアンモニア酸化速度である．ろ過槽全体，ろ材とも酸化速度はネット状あるいは繊維状ろ材で高くなった．また，ろ材の有する表面積と酸化速度との間には有意な関係は認められなかった．さらに，ろ過槽全体とろ材の酸化速度の差から，ろ床壁や配管なども高いアンモニア処理（微生物保持）能力を有することが示唆された．表 6·2 は，表 6·1 の実験終了後に，アンモニアと有機物（エルリッヒ肉エキス）を 3ヶ月間添加した後に測定した酸化速度である．従属栄養細菌の増殖に伴う生物膜の肥厚のため，いずれのろ過槽でも酸化速度は表 6·2 に比べ低下したが，表 6·1 と同様にネット状，繊維状ろ材で高い酸化速度が得られた．なお，これらの酸化速度を表面積当たりで表すと，それぞれ 14.8,

表6·1　アンモニアのみを約4ヶ月間負荷した後のろ過槽ならびにろ材のアンモニア酸化速度

ろ過槽 (No.)	ろ過槽のアンモニア酸化速度 (mg-N/ろ過槽／時)		ろ材のアンモニア酸化速度 (mg-N/ろ材／時)	
	平均±標準偏差	範囲	卑近平均±標準偏差	範囲
1	11.3±2.1[a]	9.0～14.1	4.8±1.5[ab] (17.8)	3.7～6.9
2	11.2±1.3[a]	9.4～12.6	4.3±1.0[a] (33.1)	3.8～5.8
3	11.9±0.5[ab]	11.4～12.4	6.3±1.5[ab] (12.6)	5.3～7.8
4	13.5±1.3[ab]	12.1～15.1	6.6±0.9[ab] (6.6)	6.1～7.6
5	15.2±0.7[b]	14.3～16.0	9.3±2.7[bc] (26.6)	6.9～12.4
6	16.8±0.6[c]	16.1～17.5	10.5±0.8[c] (7.3)	9.4～11.4

ろ材：1，素焼磁器玉；2～4，ハニカムチューブ（セルサイズ 25，8，4 mm）；
5，ネット状ろ材；6，繊維状ろ材
同じ文字で示された数値は，有意水準 5％で差をもたない（n=4）．
（　）内にろ材単位表面積あたりの酸化速度（mg-N/m²/時）を平均値で示した．

表6·2　アンモニアと肉エキスを3ヶ月間添加した後のろ過槽のアンモニア酸化速度

ろ過槽 (No.)	ろ過槽のアンモニア酸化速度 (mg-N/ろ過槽/時)	
	平均±標準偏差	範囲
1	5.9±1.8[a]	3.7～8.1
3	5.7±2.0[a]	3.3～7.4
5	11.0±1.8[b]	8.5～12.3
6	10.5±1.6[b]	8.3～12.1

同じ文字で示された数値は，有意水準 5％で差をもたない（n=4）．

9.1，22.9，6.7 mg-N / m^2 / 時となり，報告されている値[26]に類似した．日本でこれまでに検討されたコイ[8]，ウナギ[10]あるいはヒラメ[27]の循環型養魚では，浸漬ろ床が用いられている．

（2）散水ろ床（Trickling filters）

ろ材を積層したろ過槽の表面から均等に散水し，飼育水がろ材間を下降する間に浄化が行われるもので，下向式の浸漬ろ床とほぼ同じ構造である．ろ材は常に空気中に露出しているため酸素の供給は十分行われる．ろ過槽の高さが 1～5 m であるため，飼育水の供給に他の方式よりもエネルギーを要する．また，効率を上げるため下から送風する場合もある．ろ過槽の逆洗はほとんど必要ない．散水ろ床を用いた飼育例には Otte and Rosenthal[28]の Tilapia と European eel, Bovendeur *et al.*[29]の African catfish などがある．

（3）回転円板（Rotating biological contactors）

飼育水を満たしたタンクの中で，一部を飼育水に接触させた円板を水車のように回転させて，円板上に形成された生物膜によって浄化を行う方式である．回転する間にアンモニアなどと酸素の供給が交互に行われる．処理槽内での水頭損失はほとんどなく，また，乱流の発生も少ないことから処理に要するエネルギーは小さい．回転円板は Lewis and Buynak[30]が Channel catfish の養殖に有効なことを示して以来，Striped bass[31]，Tilapia[32]など多くの魚種の生産で検討されてきた．人工合成した飼育水を用い回転円板，散水ろ床，バイオドラム（後述）の処理能力を比較した Rogers and Klemetson は，アンモニア除去には回転円板がもっとも有効であると報告した[33]．回転円板の優位性については他にも報告がある[34,35]．

（4）バイオドラム（Biodrums）

多数の穴の開いたシリンダー状の容器に比表面積が大きく空隙率の高いろ材を充填し，上記の回転円板と同じように回転させ浄化を行う方式である．ろ過槽内における水の動きあるいは乱流の発生などのためろ過槽の閉塞はほとんどおこらないが，エネルギー消費量は回転円板より大きくなる．

（5）流動床（Fluidized beds）

砂などの比較的重い，径の小さい粒状物質を充填したろ過槽に，粒状物質が槽内全体に広がるような速度で下から飼育水を導入し浄化を行う方式である．

生物膜への酸素の供給は，浸漬ろ床と同様に飼育水によってのみ行われるが，通常，ろ過槽への飼育水の流入速度が速く滞留時間が短いため，酸素が制限要因になることはない．また，槽内の閉塞もほとんどなく，一度熟成すると極めて安定な処理が可能となる．

(6) ビーズフィルター（Bead filter）

ビーズフィルターでは，水よりも軽い直径数ミリ程度のプラスチックビーズを入れた密閉式のろ過槽に上向式で飼育水を導入する．ビーズ上に形成された生物膜によってアンモニアなどの浄化が行われるとともに，ビーズがろ過槽上部に集積するため，ビーズ層の下の部分では浮遊懸濁物がトラップされる．浮遊懸濁物の除去には極めて有効な方式であり，また，硝化機能に関しても回転円板や流動床と差がないという報告もある[36]．

2·4 脱　窒

脱窒に関与する微生物は *Pseudomonas*，*Achromobacter*，*Bacillus* などであるが[22]，これらは好気性条件下ではより取り入れやすい分子状の酸素を利用し，嫌気性条件下でのみ硝酸の酸素を使用し脱窒する．脱窒ではアルカリを発生し pH を上昇させる．また，エネルギー源として有機物を必要とする．

海洋性脱窒菌としては，自然海域ならびにヒラメの循環ろ過飼育水槽から *Alcaligenes* ならびに *Pseudomonas* に属する菌株が分離されているが，*Alcaligenes sp.* の脱窒速度については，土壌由来の代表的な脱窒菌である *Pseudomonas fluorescence* よりも高かったと報告されている[37]．また，これらの脱窒菌の有機物要求をグルコース，ショ糖，ペプトン，グルタミン酸ならびにメタノールで調べたところ，特に脱窒活性の高い菌株において，通常使われるメタノールよりもグルコースなどが有効であることが示唆された[38]．一方，溶存酸素濃度との関係については，菌株によって違いはあるものの，おおむね酸素飽和度 10%以上で脱窒速度は著しく低下した[38]．ろ材については，砂，繊維状ろ材ならびにハニカムチューブで比較したが，もっとも高い活性は砂を用いた脱窒槽で得られた．また，いずれのろ材においても，事前に脱窒菌を接種することにより活性が向上した[38]．*Alcaligenes*，*Pseudomonas* に属する脱窒菌はサケ科魚類の循環ろ過水槽からも分離されている[39]．Honda *et al.* は，総水量 $2m^3$ の循環ろ過養魚システムに繊維状ろ材を充填した容量 $0.3\ m^3$ の脱窒槽を付設し，ヒラメの循環ろ過養魚を行った[27]．脱窒槽は飼育開始 134 日目から運転を開始したが，飼育終了時の 299 日目までに硝酸は 315 mg-N / l から 52 mg-N / l までほぼ直線的に低下した（図 6·3）．また，その期間のヒラメの成長は極めて順調であった．この他，循環ろ過養魚における脱窒に関しては，Tilapia と European eel の養殖における活性汚泥法[28]，Common carp を対象としたシステムにおける砂を充填した流動床[40]などがある．海水における脱窒については Whitson *et al.* が報告している[41]．

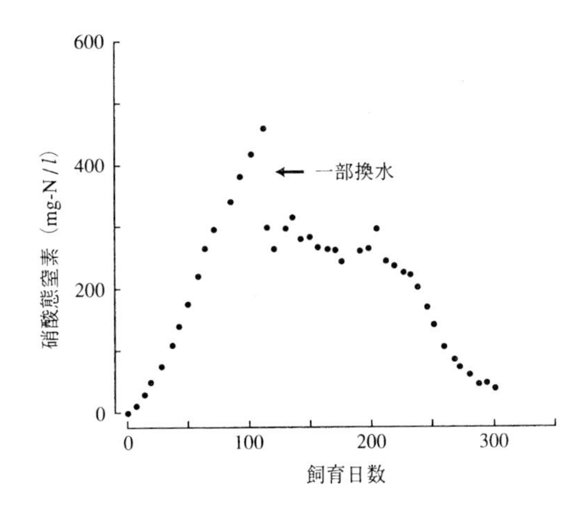

図 6·3 ヒラメ循環ろ過飼育における硝酸濃度の変化[26]
総水量，2..25m^3；脱窒槽，0.3m^3（飼育開始 134 日目から運転）．飼育終了時のヒラメの総重量は 97.6 kg（平均，501 g）となった．

淡水魚養殖では飼育水中に蓄積する硝酸やリン酸などを野菜の水耕栽培により除去する研究も行われている．Lewis *et al.* は Channel catfish とトマトの組合せについて検討し，魚の成長は悪かったものの，トマトの収量，品質などは畑で生産したものより優れていたと報告した（図 6·4）[42]．アイスレタスとの

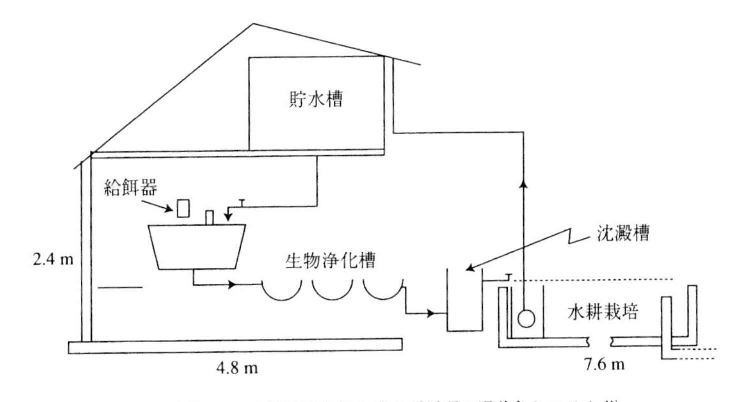

図 6·4 水耕栽培を組み込んだ循環ろ過養魚システム[41]

組合せも報告されている[43]．水耕栽培との複合飼育については Rakocy *et al.* に詳しい[44]．

2·5 微生物固定化法

固定化とは「酵素，微生物などの生体触媒を，活性を維持したまま水に不溶性にする」ことである．担体結合法，架橋法ならびに包括法などに分けられるが，いずれも天然高分子，無機材料の表面や内部に微生物などを固着，包埋するものである[45]．生物膜法は担体結合法（物理的吸着法）の 1 つであり，多くの分野で既に実用化されているが，結合力が弱く膜が剥離しやすい，微生物の付着が自然発生に依存しているため，時間がかかる上，微生物の種類，量の操作がほとんどできないなどの問題がある．

包括法は微生物（酵素）を高分子ゲルの微細な格子の中に包み込む（格子型）か，半透膜性の高分子の皮膜によって被服する（マイクロカプセル型）方法であり，特定機能を要する微生物を高濃度に維持できることに加え，自然反応系に近い環境下で微生物が増殖できるなどの利点を有している．包括法は，既にアミノ酸発酵やアルコール発酵で実用化されているが[46]，排水処理に関しても，建設省や通産省において，包括固定化微生物を用いたバイオリアクター開発が進められてきた．

植本らは，ヒラメ循環ろ過養魚システムへの，海洋性硝化細菌の固定化利用について検討した[47-49]．その結果，固定化にはポリビニルアルコールが有効であること，また，固定化担体を充填したリアクターのアンモニア処理能力は，ろ過槽単位容積あたりでは通常の生物膜法の約 6 倍であり，3 ヶ月の飼育では浄化機能が低下しないことなどを明らかにした．なお，海洋性脱窒菌の固定化利用についても検討が行われている[49, 50]．

2·6 その他の技術

循環ろ過養魚では糞や残餌，さらにはそれを栄養源として増殖した微生物などの固形（懸濁）物の処理も必要となる．これらは分解の過程で酸素を消費するとともにアンモニアの発生源となる．懸濁物については鰓への直接的な影響も知られている[51]．なお，糞の排泄量については，ヒラメでは摂取した窒素の 8～13%（排泄窒素全体の 20～30%）[19]，マダイでは 10%程度[52]と報告されている．沈澱槽（池）は 100 μm 以上の懸濁物の処理に有効であるが，それ以下に対してはマイクロスクリーン（>75 μm），砂ろ過（圧力式，>20 μm），フォームフラクショネーターやカートリッジフィルター（<30 μm）などが用いられる[12]．実際には複数の技術の組合せが有効であるが，高密度養殖には沈澱槽と砂ろ過，種苗生産や親魚の養成（採卵）には砂ろ過とカートリッジフィルターの組合せが推奨されている[12]．この他，飼育水の殺菌（消毒）のためオゾンや紫外線が使われるが[53]，紫外線には懸濁態有機物の除去効果もある[54]．

§3．今後の課題

循環型養魚では，従来の養殖方式に比べ，ハードウエアに関する研究，開発がより重要になると考える．1950～60 年代に日本で行われた研究が，循環型養魚の発展に寄与していることは言うまでもない．しかしながら，ここ 10～20 年に関しては欧米において技術の進歩が目覚しく，その主体も，日本的な見方からすれば魚の養殖とは無関係のエンジニアである．日本では，一部の例を除き「施設養魚」はほとんど行われておらず，したがって，飼育水槽を始めとした養殖器材に関する情報，研究はあまり多くない．今後，本方式による養殖生産が実現するためには，エンジニアリングにかかわる研究が不可欠と考える．

図 6･5 に循環型養魚システムの模式図を示した．Furuta *et al.* は，飼育槽，沈澱槽，硝化槽，循環ポンプ，紫外線殺菌装置，温度調節装置およびブロワーから構成されるシステムにより，11ヶ月間で 850 kg のヒラメ（平均体重，480 g）

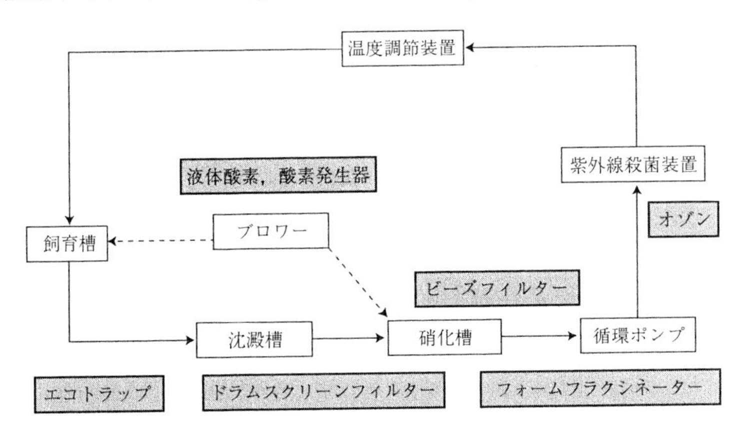

図 6･5 循環ろ過養魚システムの模式図

を生産し，用いた海水も 37 m^3（換水量，15 m^3）であったと報告している[55)]．太枠（網掛け）で示した装置はすべてが欧米で開発されたものであり，その機能に関しては多くの情報が得られている．いずれも良好な飼育環境の維持に効果があると考えられる．しかしながら，それらが魚の成長や使用水量の低減，すなわち生産（経済）性に如何に寄与するかを定量的に示した例は少ない．経済性の向上は循環型においても不可欠な要素である．したがって，諸技術について，機能面からだけでなく使用条件などを考慮した上で，総合的に評価することも重要と考える．

循環ろ過方式が，網イケスや海水掛け流し養殖と比べて，環境面で如何に優れているかを示すことは現段階ではできない．確かに，循環ろ過養魚でも，飼育終了後の富栄養化した飼育水の処理などが必要になると考えられる．しかしながら，ドイツの循環ろ過式 European eel 養殖場（Edelfischfarm Auehof など）で行われているように，飼育に用いた水を公共下水で処理することも可能である．また，硝酸やリン酸に関しては，淡水では既に示したように野菜類で，海水においても海藻により回収，再資源化することも可能である．アオサ類については長濱・平田[56)]，和田・片倉[57)]，ならびに Israel Oceanographic & Limnological Research[58−61)]が窒素やリンの取り込み速度などについて知見を集積している．一方，糞を含む汚泥に関しても，ゴカイ類による分解，再資源化の可能性が報告されている[62)]．ゴカイ類については堤・門谷が汚濁した沿岸域の浄化に効果があることを示している[63)]．これらを魚-微生物から成る系に組み込むことで（複合養殖システム），餌として投入された物質の高度利用が可能となり，自然環境保全に対する効果もより大きくなると思われる．このようなバランスされた養殖システムの構築は，沿岸域における既存の生簀養殖の適性収容量を決定する際にも役立つと考える．

文　献

1）佐伯有常：日水誌，23，684-695（1958）．
2）平山和次：日水誌，31，977-982（1965）．
3）平山和次：日水誌，31，983-990（1965）．
4）平山和次：日水誌，32，11-19（1966）．
5）平山和次：日水誌，32，20-27（1966）．
6）河合　章，吉田陽一，木俣正夫：日水誌，30，55-62（1964）．
7）河合　章，吉田陽一，木俣正夫：日水誌，31，65-71（1965）．
8）水産増殖懇話会：水産増植 臨時号1，1962，

76pp.

9）佐伯有常：水産増植，6，36-42（1958）.

10）水産庁研究部研究課：養鰻用水の有効利用に関する研究報告書，1981，265pp.

11）菊池弘太郎：ヒラメの循環濾過式養魚に関する研究，博士論文，長崎大学大学院，1994，153pp.

12）M. B. Timmons and T. M. Losordo (eds) : Aquaculture water reuse systems : Engineering design and management, Elsevier, Amsterdam, 1994, 333pp.

13）T. M. Losordo : *Aquacult. Magazine*, 24 (1)，38-45（1988）.

14）H. Rosenthal and F. A. Black : Techniques for modern aquaculture（ed. by Jaw-Kai Wang）, Am. Soc. Agricult. Engineers, Michigan, 1993, pp.284-294.

15）T. M. Losordo and P. W. Westerman : *J. World Aquacult. Soc.*, 25, 193-203 (1994).

16）J. R. Brett and C. A. Zala : *J. Fish. Res. Board Can.*, 32, 2479-2486（1975）.

17）M. Jobling : *J. Fish Biol.*, 18, 87-96 (1981).

18）C. B. Porter, M. D. Krom, M. G. Robbins, L. Brickell and A. Davidson : Aquaculture, 66, 287-297（1987）.

19）K. Kikuchi : *Israeli J. Aquacult.*, 47, 112-118（1995）.

20）R. Alderson : *Aquaculture*, 17, 291-309 (1979).

21）菊池弘太郎・清野通康・本田晴朗・佐伯功：電力中央研究所報告 U86028，1987，25pp.

22）洞沢　勇：特殊生物処理法（洞沢勇編），思考社，東京，1984，pp.115-129.

23）K. Hirayama : *Bull. Jap. Soc. Sci. Fish.*, 36, 26-34（1970）.

24）K. Kikuchi, H. Honda, and M. Kiyono : *Fish. Sci.*, 60, 133-136 （1994）.

25）S. E. Siddall : *Prog. Fish-Cult.*, 36, 8-15 (1974).

26）M. Nijhof and J. Bovendeur : *Aquaculture*, 87, 133-143（1990）.

27）H. Honda, Y. Watanabe, K. Kikuchi, N. Iwata, S. Takeda, H. Uemoto, T. Furuta, and M. Kiyono : *Suisanzoshoku*, 41, 19-26（1993）.

28）G. Otte and H. Rosenthal : *Aquaculture*, 18, 169-181（1979）.

29）J. Bovendeur, E. H. Eding, and A. M. Henken: *Aquaculture*, 63, 329-353 (1987).

30）W. M. Lewis and G. L. Buynak : *Trans. Am. Fish. Soc.*, 105, 704-708（1976）.

31）G. S. Libey : Design of high-density recirculating aquaculture systems (A workshop proceeding, September 25-27, 1991), Louisiana sea grant communications office, Baton rouge, 1994, pp.24-28.

32）T. M. Losordo and P. Westerman : Design of high-density recirculating aquaculture systems (A workshop proceeding, September 25-27, 1991) , Louisiana sea grant communications office, Baton rouge, 1994, pp.1-9.

33）G. L. Rogers and S. L. Klemetson : *Aquacult. Eng.*, 4, 135-154（1985）.

34）G. E. Miller and G. S. Libey : *J. World Mariculture Soc.*, 16, 158-168（1985）.

35）P. W. Westerman, T. M. Losordo, and M. L. Wildhaber : Techniques for modern aquaculture (ed. by Jaw-Kai Wang), Am. Soc. Agricult. Engineers, Michigan, 1993, pp.326-334.

36）R. F. Malone and D. E. Coffin : Design of high-density recirculating aquaculture systems（A workshop proceeding, September 25-27, 1991), Louisiana sea grant communications office, Baton rouge, 1991, pp.29-35.

37）渡部良朋・菊池弘太郎・植本弘明・武田重信・清野通康：電力中央研究所報告 U89035，1989，16pp.

38）渡部良朋・菊池弘太郎・武田重信・清野通

康：電力中央研究所報告 U91002, 1991, 21pp.

39) W. L. Balderston and J. M. Sieburth : *Appl. Environ. Microbiol.*, 32, 808-818 (1976).

40) J. van Rijn and G. Rivera : *Aquacult. Eng.*, 9, 217-234 (1990).

41) J. Whitson, P. Turk, and P. Lee : Techniques for modern aquaculture (ed. by Jaw-Kai Wang), Am. Soc. Agricult. Engineers, Michigan, 1993, pp.458-466.

42) W. M. Lewis, J. H. Yopp, H. L. Schramm Jr., and A. M. Brandenburg : *Trans. Am. Fish. Soc.*, 107, 92-99 (1978).

43) L. C. A. Naegel : *Aquaculture*, 10, 17-24 (1977).

44) J. E. Rakocy and J. A. Hargreaves : Techniques for modern aquaculture (ed. by Jaw-Kai Wang), Am. Soc. Agricult. Engineers, Michigan, 1993, pp.112-136.

45) 橋本　奨：水質汚濁研究, 9, 684-689 (1986).

46) 橋本　奨：用水と廃水, 29, 725-734 (1987).

47) 植本弘明・菊池弘太郎・清野通康：電力中央研究所報告 U90056, 1991, 26pp.

48) 植本弘明・菊池弘太郎・清野通康：電力中央研究所報告 U93022, 1993, 21pp.

49) 植本弘明・渡部良朋・菊池弘太郎：電力中央研究所報告 U93048, 1994, 22pp.

50) 渡部良朋・菊池弘太郎・植本弘明・清野通康：電力中央研究所報告 U93023, 1993, 22pp.

51) P. E. Chapman, J. D. Popham, J. Griffin, and J. Michaelson : *Water, air, and soil pollution*, 33, 295-308 (1987).

52) 伊藤克彦：水産と環境（清水　誠編), 恒星社厚生閣, 東京, 1994, pp.19-28.

53) J. E. Huguenin and J. Colt : Design and operation guide for aquaculture seawater systems, Elsevier, Amsterdam, 1989, pp.153-159.

54) 武田重信・菊池弘太郎：電力中央研究所報告 U93056, 1994, 23pp.

55) T. Furuta, K. Kikuchi, N. Iwata, and H. Honda : *Suisanzoshoku*, 46, 557-562 (1998).

56) 長濱豊一・平田八郎：水産増殖, 38, 285-290 (1990).

57) 和田直己・片倉徳男：大成建設技術研究所報, 24, 129-132 (1991).

58) I. Cohen and A. Neori : *Bot. Mar.*, 34, 475-482 (1991).

59) I. Cohen, A. Neori and H. Gordin : *Bot. Mar.*, 34, 483-489 (1991).

60) A. Neori, M. D. Krom, S. P. Ellner, C. E. Boyd, D. Popper, R. Rabinovitch, P. J. Davison, O. Dvir, D. Zuber, M. Ucko, D. Angel, and H. Gordin : *Aquaculture*, 141, 183-199 (1996).

61) M. Shpigel and A. Neori : *Aquacult. Eng.*, 15, 313-326 (1996).

62) 本田晴朗・菊池弘太郎・坂口　勇：電力中央研究所報告 U96046, 1997, 20pp.

63) 堤　祐昭・門谷　茂：日水誌, 59, 1343-1347 (1993).

7. 生物特性からみた循環型養殖と感染症の防除

杉　田　治　男*

バイオリアクターの 1 種である生物ろ過膜（biofilter）をろ過槽に用いた循環型養殖は，飼育水を交換することなく長時間使用できる特徴がある．また近年，問題化しつつある周辺水域への環境負荷を低減する管理が流水式養殖や網生簀養殖よりも容易であるため[1]，養殖に用いる水や土地の確保が困難なわが国などでは今後ますます普及することが予想される．しかし，いったん循環式養魚場において感染症が発生すると，病魚から放出された病原菌が長時間水槽内に留まるため，流水式養魚などと比べ，罹患率が高く，被害も大きい．このような欠点を補うためには日常の衛生管理が重要となる．そこで，本章では循環型養殖について生物学的および衛生学的観点から概説する．

§1. 生物的特性からみた循環型養殖

1·1 有機物の分解

魚介類が成長する過程で排泄する糞便や剥離した粘膜・粘液，脱皮殻などは懸濁態有機物として水中を浮遊したり，一部はろ過材によって捕捉された後，微生物の作用を受けて分解される．また魚介類に利用されなかった残餌も底部に堆積したり，ろ過材に捕捉されて，最終的に従属栄養細菌によって分解される[1-3]．このように養魚環境では従属栄養細菌が分解者として浄化に大きく寄与している．

表 7·1 は魚介類の遺体や飼料などの有機物が分解するときに出現するおもな従属栄養細菌をまとめたものである．分解の初期には十分な分子状酸素を利用しながら好気性細菌，とくに淡水では *Aeromonas* や Enterobacteriaceae，*Pseudomonas*，海水では *Vibrio* や *Pseudomonas* などのように分解力が強く，増殖速度の高い細菌群が易分解性の有機物を分解して優占する．1，2 日後に大部分の酸素が消費されると，遺体や飼料の内部が部分的に嫌気的状態

* 日本大学生物資源科学部海洋生物資源科学科

（低 Eh 状態）に陥いると，淡水では偏性嫌気性細菌である *Clostridium* や Bacteroidaceae なども優占菌に加わる．やがて大部分の易分解性有機物が分解される頃にはこれらの細菌による分解活性も低下し，酸素濃度も上昇するため，*Acinetobacter*, *Moraxella*, *Flavobacterium* など別の好気性細菌群が優占菌となる．この時期の *Clostridium* や *Bacillus* は胞子状態で休眠していることが多い．

表7·1　魚遺体や飼料などの有機物が分解するときに出現する従属栄養細菌[3]

時期	分解初期	分解中期	分解後期
優占菌種	Vibrionaceae Enterobacteriaceae *Pseudomonas* （*Clostridium*）	*Pseudomonas* *Clostridium* （*Acinetobacter*） （*Moraxella*） （*Flavobacterium*） （Bacteroidaceae）	*Pseudomomas* *Clostridium* *Acinetobacter* *Moraxella* *Flavobacterium* （*Bacillus*）
環境	易分解性有機物の分解と酸素の急速な減少		難分解性有機物の分解

1·2　硝　　化

残餌や魚遺体などのタンパク質は水槽内の従属栄養細菌の生産するタンパク分解酵素や脱アミノ酵素の作用を受け，ペプチド，アミノ酸を経てアンモニアに分解される．また多くの動物が排泄する尿素も微生物の生産するウレアーゼによってアンモニアになる．さらに魚類の尿や鰓からもアンモニアが排泄される[2, 3]．アンモニアは水中では非解離型（NH_3）または遊離型（NH_4^+）として存在するが，前者は魚介類にとって有毒であり，0.1 ppm 以上の濃度では多くの魚類やエビ類に何らかの障害が発生することが報告されている[4]．循環型養殖環境では，アンモニアは生物ろ過膜中の硝化細菌による 2 段階の反応を経て（硝化），毒性の低い硝酸塩に変換される．

$$NH_4^+ + 3/2\ O_2 \rightarrow NO_2^- + H_2O + 2H^+ + 66\ \mathrm{kcal}$$ （アンモニア酸化細菌）

$$NO_2^- + 1/2\ O_2 \rightarrow NO_3^- + 17\ \mathrm{kcal}$$ （亜硝酸酸化細菌）

現在，アンモニア酸化細菌としては *Nitrosomonas*, *Nitrosococcus*, *Nitrosospira*, *Nitrosolobus* および "*Nitrosovibrio*" が，また亜硝酸酸化細菌としては *Nitrobacter*, *Nitrospina*, *Nitrococcus* および *Nitrospira* が知られている[5]．自然環境では，分子状酸素が十分にあり，温度 25～30℃，pH 7.5～8.0

で，基質濃度が 1～25 mM がこれらの細菌の至適条件とされている[6]．またこれらの細菌は付着性が強いため，ろ過材などに付着させた方が硝化活性が高い．さらに増殖速度が従属栄養細菌よりもかなり低いので（世代時間は至適条件で 8～24 時間），ろ過材表面の硝化細菌の密度が十分に高くなる熟成状態に達するには数週間以上を要することが多い．

1・3　生物膜

生物ろ過膜は，ろ過材表面を被う厚さ 0.1 mm 程度の膜であり，膜中あるいは膜周辺に生息する細菌や原生動物などによって効率的に水中の有機物を除去したり，アンモニアを酸化するため，循環型養殖でもっともよく用いられている浄化システムである[1]．生物ろ過膜は細菌の生産するゼリー状のポリマー（マトリックス）で構成されていて，その中を水や酸素，CO_2 などが比較的自由に移動することができる．循環水が生物ろ過膜を通過するとき，懸濁態有機物はマトリックスに捕捉され，そこに生息する従属栄養細菌が分泌する種々の細胞外酵素によって分解される．とくにタンパク質は膜表面付近の従属栄養細菌によって分解され，生成されたアンモニアは深層部付近の硝化細菌によって硝化されることが知られている[1]．

§2．感染症の防除

2・1　殺菌法

飼育魚に感染症が発生すると，一般的に種々の薬剤を投与する化学療法がとられている．しかし経口投与した薬剤の多くは糞便や残餌に残存して環境中に放出され，底泥に沈澱したり，あるいはろ過槽に捕捉される．その結果，それらの場所の従属栄養細菌や硝化細菌に作用して浄化速度を低下させたり，耐性菌の出現を促すことが知られている

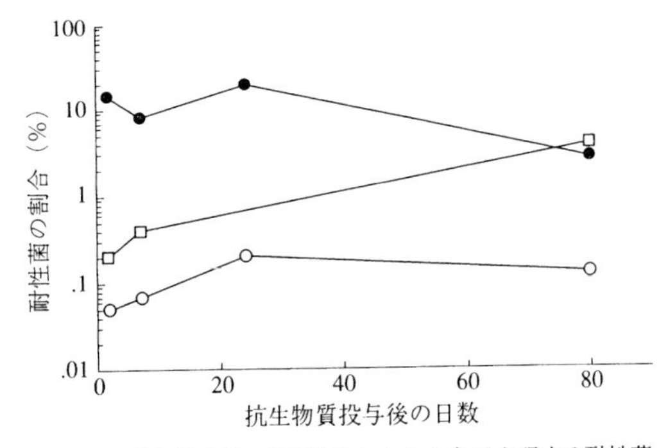

図 7・1　養魚場底泥に薬剤を添加したときに出現する耐性菌（%）の経時的変化[1]：○，無添加区；●，オキソリン酸添加区；□，flumequine 添加区

（図 7·1）[1]．そこで疾病を防御するためには，水槽や養魚用水，飼餌料や使用する器具などを消毒することによって病原微生物を排除する必要がある．このため，多くの施設では紫外線やオゾンを用いた殺菌法が採用されている．また感染症の発生した養魚場の飼育水をそのまま排出すると，周辺水域が病原微生物で汚染されるため，飼育排水についても消毒の必要がある．

1）オゾン

オゾン（O_3）は酸化力が強く，殺菌のほか，脱臭，脱色，有機物の分解などの作用があるため，養殖への応用が期待されている[7]．オゾンは通常の条件では淡水に溶解しにくいのに対し，海水中では臭素イオンなどと反応して BrO^- や BrO_3^- などのオキシダントとなる．オゾンもオキシダントも殺菌作用は強く，ウイルス，細菌，カビ，原生動物などを殺傷することができる[8, 9]．たとえば 0.5 mg / *l* のオキシダントを含む海水に 1 分間以上接触させることによって多くの魚類病原細菌を殺菌することが可能である（図 7·2）．また Wedemeyer[4] は，ふ化場の用水の殺菌には 0.1～0.5 mg オゾン / *l* で 5～10 分間接触させることを推奨している．しかしオゾンやオキシダントは魚介類にも有毒であるほか[10]，養魚環境の浄化に関わる細菌を殺傷したり，それが生産する種々の酵素

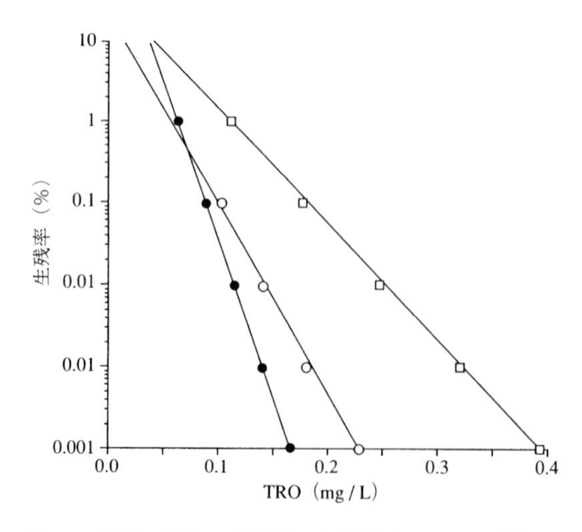

図 7·2　反応 1 分後の病原細菌の生残率とオキシダント濃度の関係[8]：○，*Vibrio anguillarum*；●，*Pasteurella piscicida*；□，*Enterococcus seriolicida*

を阻害するため（図 7･3），オゾン処理した水をそのまま飼育槽やろ過槽に注入すると，残留したオゾンやオキシダントによって魚介類が死傷したり，浄化速度が低下することなどが危惧される．そこで飼育槽やろ過槽に注入する前に，水中のオゾンやオキシダントを活性炭を用いて不活性化する必要がある[7, 12]．養魚現場でのオゾンに関するトラブルは，オゾンの淡水および海水での溶解性の違いや魚介類への毒性に対する認識の欠如によるものが多い．

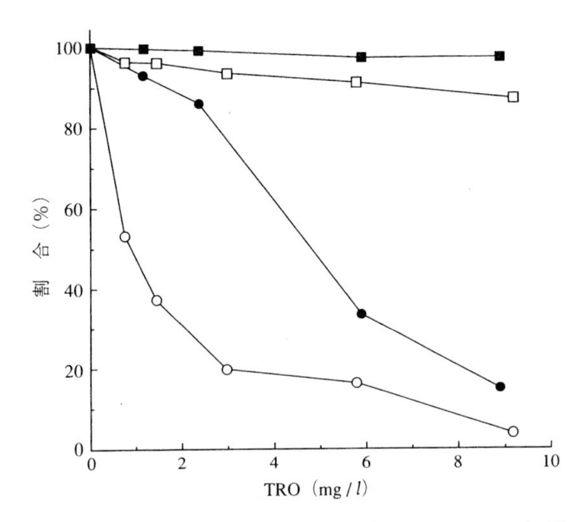

図 7･3　25℃で 10 分間オゾン処理海水と接触させたアミラーゼの活性およびタンパク量とオキシダント濃度の関係：○，α-アミラーゼ活性；●，β-アミラーゼ活性；□，α-アミラーゼのタンパク量；■，β-アミラーゼのタンパク量

2）紫外線

水銀ランプから発せられる 260 nm 付近の波長の紫外線は DNA を損傷し，生物を死滅させるため，養魚用水の殺菌に使用されている[4, 7]．殺菌に要する照射量は病原微生物や生残率などによって異なるが，細菌（99.9％殺菌）で 4,000～5,000 μW･sec / cm^2，カビ（*Saprolegnia* sp. の菌糸の生育阻止）で 230,000 μW･sec / cm^2，ウィルス（99％殺菌）で 2,000～150,000 μW･sec / cm^2 および寄生虫（*Myxobolus cerebralis* の感染能 99％失活）で 27,600 μW･sec / cm^2 であることなどから，循環飼育水および排水の紫外線殺菌には 30,000 μW･sec / cm^2 が推奨されている[4, 13]．このように紫外線の有効性は水産領域において認

められているものの，水の透過性に問題がある．清浄な海水（太平洋）でも5 cm を透過すると紫外線の25%が吸収されてしまい，懸濁物質が多いと透過量はさらに減少し，殺菌効果は低下する．そのため紫外線を照射する部分の水層をできるだけ浅くするなどの工夫が必要である．

2·2　水槽内における病原微生物の動態

魚類の腸管内容物中には通常，10^4～10^{10} CFU / g の従属栄養細菌が生息している[3, 14]．その中には *Aeromonas hydrophila*, *A. caviae*, *A. sobria*（淡水魚類）や *Vibrio anguillarum*, *V. alginolyticus*（海産魚類）のような *Vibrio* 科に属する日和見感染症の原因菌が含まれている（表7·2）．また図7·4に示したように，これらの細菌は糞便として水中に継続的に放出されるため，水槽に魚類を収容するとこれらの細菌が飼育水の優占菌となり，魚類を取り上げると速やかに減少することがヒラメやコイで報告されている[19, 20]．これらの細菌は健康な魚類の腸管内で長期間生息しているため，たとえ無菌状態にした水槽に保菌魚を収容しても，これらの細菌が糞便中に残存して水中に排泄される．またシオミズツボワムシやアルテミアなど海産魚介類の重要な初期餌料にも *Vibrio* が多く付着しており[21, 22]，これらが感染源になることも十分考えられる．これらの事実は，養魚用水や器具などを殺菌して衛生状態を向上することによって外部からの病原菌の侵入は防げても，養魚環境からすべての病原微生物を排除することは不可能であることを意味する．

表7·2　魚介類における *Vibrio* 科細菌の分布[15～18]

生物	平均生菌数（log CFU / g）
淡水動物	
ウナギ	5.2
コイ	8.5
キンギョ	9.3
アユ	7.0
ティラピア	7.9
アメリカナマズ	4.1
ニジマス	5.9
海産動物	
アサリ	5.3
イガイ	4.1
マガキ	4.7
アワビ	6.8
サザエ	7.9
イセエビ	8.3
ショウジンガニ	7.6
タカアシガニ	8.1
シロギス	6.0
マアジ	7.6
キンメダイ	5.3
トラフグ	6.6
ヒラメ	7.9

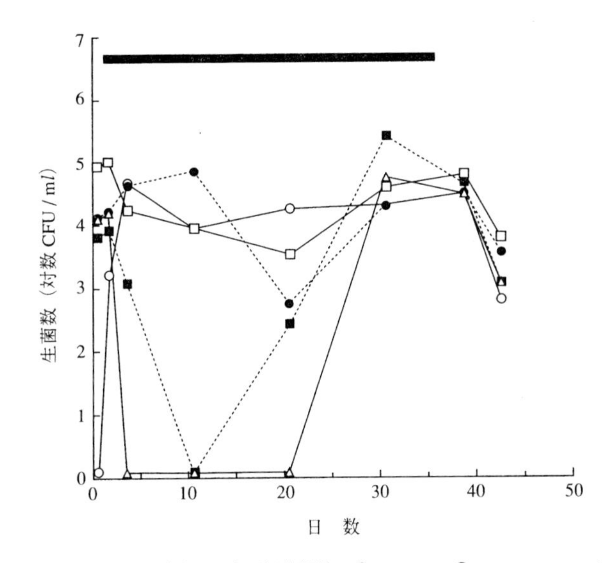

図7·4 ヒラメ飼育水中の主要細菌相[20]：○, *Vibrio*；●, *Pseudomonas*；□, *Moraxella*；■, *Flavobacteriom*；△, *Acinetobacter*
(バーはヒラメ飼育期間を示す)

2·3 バイオコントロール法とプロバイオティクス

魚類感染症の発生原因としては，病原微生物や宿主の特性のほかに，環境からのストレスがあげられる[23]．すなわち養殖環境を向上させ，魚介類が受けるストレスを低減させることは感染症の防除において極めて重要である．またワクチンや免疫促進剤を開発して魚介類の生体防御能を高めることも有効である．このほか，近年，魚介類に有用な微生物を用いて疾病を防除する試みがなされている[24-28]．水槽内での病原微生物の動態や従来の殺菌法の特徴などを考慮すると，養魚環境において病原細菌を選択的に除去することは容易ではない．杉田ら[29, 30]は沿岸魚類 10 種の腸管，海水および砂から分離した 2,386 株の細菌の魚類病原細菌に対する抗菌活性を検討し，292 菌株が *Pasteurella pisicida*, 41 菌株が *Enterococcus seriolicida*, 32 株が *Vibrio vulnificus*, そして 19 株が *V. anguillarum* の増殖を阻害することを見出した．これらの細菌株の内，*Vibrio* sp. NM10 株および *Bacillus* sp. NM14 株の生産する抗菌物質はそれぞれペプチドおよびシデロフォアであることが判明している[31, 32]．このように水界において魚類病原微生物の増殖を抑制する細菌が存在することは，これらの細菌を用いた感染症の防除が可能であることを示唆する．

1）バイオコントロール法

野上・前田は，ガザミ幼生の成長に有効で，かつ病原菌の増殖を抑制する細菌（PM-4 株）を純粋培養し，それを積極的に飼育水に添加することによってガザミ幼生の好適な環境をつくるバイオコントロール法を提唱した[24]．バイオコントロール法に使用する微生物の条件としては（1）種苗の成長を促進する（たとえば幼生期の餌料となる），（2）安定した微生物相を形成し，病原菌の増殖を抑制する，および（3）餌料微細藻類の増殖を阻害しないことなどがあげられている．

2）プロバイオティックス

プロバイオティックス（probiotics）とは，腸内細菌のバランスを改善することによって，動物に有益な効果をもたらす生菌の飼料・食餌添加物であると定義され[33]，その条件としては，（1）胃酸や胆汁酸など宿主の生体防御因子に耐えること，（2）宿主動物の腸管で比較的長期間生存すること，（3）病原性や副作用がないこと，（4）抗菌物質を腸管内で安定して生産すること，（5）生産された抗菌物質の作用が特定の細菌に限られること，（6）保存が容易であること，および（7）宿主への投与法が容易であることなどがあげられる[30]．ヒトを含む哺乳動物ではこれまでに多くの研究が報告されているが[34]，魚介類では少なく，たとえばAustin ら[25]は *V. alginolyticus* が大西洋サケの *A. salmonicida* による疾病を抑制したことを，また Rengpipat ら[27]は *Bacillus* S11 株がウシエビの *V. harveyi* による疾病を防御したことを報告した．さらに Byun ら[26]は，*Lactobacillus* DS-12 株を混入した飼料を経口投与することによって，ヒラメの成長が有意に促進されることを見出した．このように，ヒトや家畜と比較して魚介類におけるプロバイオティックスの研究は端緒についたにすぎず，安定した成果を期待するには，さらに多くの知見の集積が必要となるであろう．

§3．おわりに

病原微生物学の分野ではこれまで，原因菌を発見し，その性質を調べ，治療法を見出すことに終始徹底してきた．しかし感染症治療の万能薬であった抗生物質も，多くの耐性菌の出現によりその効力を失いつつある．今後は，病原菌をすべて撲滅するばかりでなく，病原菌との共存を図りながら魚介類の感染症を防除する方法も探索する必要がある．

文　献

1） A. Midlen and T. Redding : Environmental Management for Aquaculture, Chapman and Hall, 1998, 223pp.

2） 河合　章（編）：水産増養殖と微生物，恒星社厚生閣，1986, 129pp.

3） 杉田治男：水環境と微生物，生態環境科学概論（上村賢二編），講談社サイエンティフィク，1997，pp.164-199.

4） G. A. Wedemeyer : Physiology of Fish in Intensive Culture Systems, Chapman and Hall, 1996, pp.202-226.

5） J. G. Holt, N. R. Krieg, P. H. A. Sneath, J. T. Staley, and S. T. Williams（ed.）: Bergey's Manual of Determinative Bacteriology, 9th edition, Williams and Wilkins, 1994, pp. 427-455.

6） M. P. Starr, H. Stolp, H. G. Trüper, A. Balows, and H. G. Schlegel : The Prokaryotes Vol. I , Springer-Verlag, 1981, pp.1005-1022.

7） S. Spotte : Seawater Aquariums, John Wiley and Sons, 1979, pp.228-274.

8） H. Sugita, T. Asai, K. Hayashi, T. Mitsuya, K. Amanuma, C. Maruyama, and Y. Deguchi : *Appl. Environ. Microbiol.*, 58, 4072-4075（1992）.

9） 吉水　守：養殖，424, 76-79,（1997）.

10） G. Mimura, Y. Katayama, X. Ji, J. Xie, and K. Namba : *Suisanzoshoku*, 46, 569-578（1998）.

11） H. Sugita, J. Mita, and Y. Deguchi : *Aquaculture*, 141, 77-82（1996）.

12） M. Siddiqui, W. Zhai, G. Amy, and C. Mysore : *Water Res.*, 30, 1651-1660（1996）.

13） M. Yoshimizu, H. Takizawa, M. Sami, H. Kataoka, T. Kugo, and T. Kimura : Second Asian Fisheries Forum（ed. by R. Hirano and I. Hanyu）, Asian Fisheries Society, pp.643-646.

14） 杉田治男：水中の微生物，食品危害微生物ハンドブック（清水　潮ほか編），サイエンスフォーラム，1998, pp.3-17.

15） K. Muroga, M. Higashi, and H. Keitoku : *Aquaculture*, 65, 79-88（1987）.

16） 杉田治男・出口吉昭：フグ毒保有生物の腸内細菌相とフグ毒産生菌，フグ毒研究の最近の進歩（橋本周久編），恒星社厚生閣，1988，pp. 65-75.

17） H. Sugita, T. Nakamura, K. Tanaka, and Y. Deguchi : *Appl. Environ. Microbiol.*, 60, 3036-3038（1994）.

18） H. Sugita, K. Tanaka, M. Yoshinami, and Y. Deguchi : *Appl. Environ. Microbiol.*, 61, 4128-4130（1995）.

19） H. Sugita, S. Ushioka, D. Kihara, and Y. Deguchi : *Aquaculture*, 44, 243-247.

20） 杉田治男・岡野隆司・石垣貴行・青野英司・秋山信彦・M. Asfie・出口吉昭：水産増殖，46，237-241.

21） M. A. Igarashi, H. Sugita, and Y. Deguchi : *Nippon Suisan Gakkaishi*, 55, 2045（1989）.

22） V. Tanasomwang and K. Muroga : *Fish Pathol.*, 24, 29-35（1989）.

23） G. R. Wedemeyer, F. P. Meyer, and I. Smith : Diseases of Fishes（ed. by S. F. Snieszko and H. R. Axelrod）, T.F.H. Publications, 1976, pp. 5-6.

24） 前田昌調：水産魚介類種苗生産環境における微生物の挙動と管理，海洋微生物とバイオテクノロジー（清水　潮編），技報堂出版，1991, 169-183.

25）B. Austin, L. F. Stuckey, P. A. W. Robertson, I. Effendi, and D.R.W. Griffith : *J. Fish. Dis.*, 18, 93-96（1995）.

26）J.-W. Byun, S.-C. Park, Y. Benno, and T.-K. Oh : *J. Gen. Appl. Microbiol.*, 43, 305-308（1997）.

27）S. Rengpipat, W. Phianphak, S. Piyatiratitivorakul, and P. Menasveta : *Aquaculture*, 167, 301-313（1998）.

28）L. F. Gibson, J. Woodworth, and A. M. George : *Aquaculture*, 169, 111-120（1998）.

29）H. Sugita, N. Matsuo, K. Shibuya, and Y. Deguchi : *J. Mar. Biotechnol.*, 4, 220-223（1996）.

30）杉田治男・石垣貴行・岩井悌作・鈴木由起子・岡野隆司・松浦聖寿・M. Asfie・青野英司・出口吉昭：水産増殖，46，563-568（1998）.

31）H. Sugita, N. Matsuo, Y. Hirose, M. Iwato, and Y. Deguchi : *Appl. Environ. Microbiol.*, 63, 4986-4989（1997）.

32）H. Sugita, Y. Hirose, N. Matsuo, and Y. Deguchi : *Aquaculture*, 165, 269-280（1998）.

33）R. Fuller : *J. Appl. Bacteriol.*, 66, 365-378（1989）.

34）光岡知足（編）：腸内フローラとプロバイオティクス，学会出版センター，1998, 172pp.

III．循環型養殖の展開

8．生物ろ過法を用いたヒラメの高密度養殖設計[*1]

岩田仲弘[*2]・菊池弘太郎[*2]

循環型養殖は，陸上施設を用い，飼育水を循環再利用して魚類を養殖する方式であり，海況の変動など自然環境の影響を受けにくく，周辺海域への汚濁負荷が小さい養殖方式である．また，水温をはじめとする飼育環境の制御が比較的容易に行えることから，冬季における成長促進や安定生産が可能となり，魚病などの対策も立てやすいと考えられる．

ヒラメは，養殖生産量が多く[1]，市場価格も比較的高いため養殖対象として重要な魚種の 1 つである．また，海産魚の大部分が小割網イケスを用いて養殖されているのに対して，通常，陸上施設を用いた海水掛け流し式で生産されていることから，循環型に適した魚種といえる．ここでは，ヒラメを対象とした循環型養殖について，施設の設計指針，生産例，ならびに生産費用などについて紹介する．

§1．循環型ヒラメ養殖施設の設計

1・1　設計のための前提

体重 1～3 g の種苗 2,000 尾を導入し，平均体重 500 g まで成長させる（総重量 1,000 kg）．施設の構成は，飼育槽，水質浄化槽，水温調節装置，循環ポンプ，給気装置ならびに紫外線照射装置とし，脱窒は行わないこととする．飼料には市販のヒラメ用配合飼料を用いる．

1・2　飼育槽

体重 300～500 g のヒラメでは，飼育槽底面積当たり 40 kg / m^2 での飼育が

[*1] 本稿は，菊池弘太郎：ヒラメの循環濾過式養魚に関する研究，博士論文，長崎大学大学院，1994，pp.153. を参考に作成した．

[*2] 電力中央研究所 我孫子研究所

可能である[2]．飼育終了時の密度を 40 kg / m^2 とすると，飼育槽の底面積は 25 m^{2}となり，円形水槽を用いた場合の直径は約 6 m となる．通常の掛け流し養殖における飼育槽の水深が 40～80 cm であることから[3]，ここでは 60 cm とすると，飼育槽内の水量は 17 m^3 となる．ヒラメの飛び出しを防止するために飼育槽の高さは 1 m 前後とする．

1･3　浄化槽

同じ飼育水を長期間使用する循環型養殖では，良好な飼育環境を維持するため，魚からの排泄物を効率よく浄化する必要がある．魚の排泄物のうち，アンモニアは多量に発生され，魚毒性も高いことから，アンモニアの処理（微生物処理，主に硝酸までの硝化）が水質浄化の中心となる．なお，尿素や糞なども微生物による分解を受けて容易にアンモニアを生じることから，これらの合計を魚からの窒素排泄量として，浄化槽の設計基準とする．

ヒラメの窒素排泄量は，単位体重当たりでは体重の増加につれて減少するものの，個体当たりでは体重とともに増加する[4]．したがって，飼育尾数を変化させない場合，水槽当たりの窒素排泄量は飼育終了時に最大となる．窒素排泄量は水温や摂餌の影響を受けると考えられるが，摂餌率については以下の知見が得られている[5]．体重約 400 g のヒラメに 0.5，1.0，1.5％の配合飼料を与えた場合の摂餌後 24 時間の窒素排泄量は，0.5，1.0％では摂餌の増加に伴って増加したものの，1.0％と 1.5％ではほぼ同じ値となっており，排泄量には上限の存在することが示唆された（表 8･1）．また，その量は，20℃で，約 25 mg-N / 100 g-ヒラメ / 日であると見積もられた．水温の上昇に伴って，窒素排泄量

表 8･1　摂餌率の異なるヒラメの窒素排泄量[5]

摂餌率 (%)	窒素摂取量 (mg-N / 100g fish)	摂餌後の時間 (時間)	窒素排泄量（mg-N / 100g fish / 日）			
			アンモニア	尿素	糞	合計*1
0.5±0.2	40.4±11.2	0→24	12.9±4.3	1.8±0.8	3.1±1.6	17.8±5.7
		24→48	6.5±1.7	1.2±0.5	3.2±1.7	10.9±3.0
1.0±0.2	72.3±14.4	0→24	18.0±4.4	2.3±1.0	3.1±2.2	23.4±4.5
		24→48	8.7±3.4	1.5±0.4	6.2±2.1	16.4±4.5
1.5±0.2	114.9±20.4	0→24	19.0±4.9	2.5±1.1	3.4±1.7	24.9±6.9
		24→48	13.6±4.8	2.1±0.8	5.5±2.7	21.2±5.5

*1 アンモニア，尿素，糞の合計．
体重 189～575 g のヒラメを，摂餌率 0.5％区では 15 尾，1.0％区では 13 尾，1.5％区では 11 尾，それぞれ実験に供試した．データは平均値と標準偏差で示した．

も増加することがわかっているが[6]，ろ材の硝化速度も同様に上昇するため[7]，水温による変化は重大な問題にはならない．したがって，浄化（硝化）槽の設計基準となる生産終了時（500 g×2,000 尾＝1,000 kg）の窒素排泄量は，約 250 g-N / 日となる．

ネット状ろ材を浸漬ろ床法で用いた場合のアンモニア酸化速度については，20℃，ろ材 1 m^3 当たりで約 260 g-N との報告がある[8]．上記の窒素排泄量との関係から，ネット状ろ材の必要量は約 1 m^3 となるが，実際にはこの 2 倍程度のろ材を用いる．なお，硝化槽を好気的に維持するため，充填したろ材の 4 ～5 倍の水量が必要と考えられる．

沈澱槽やフィルターを設置することによって，糞や残餌を除去することも重要である．沈澱槽の水量を 2 m^3，硝化槽を 8 m^3 とすると，浄化槽の水量は 10 m^3 となる．

1・4　総水量

系内が好気的に維持された場合，飼育の経過に伴って硝酸濃度が直線的に増加する[9]．ヒラメに対する硝酸の影響に関する知見はほとんどないが，800～1,000 mg / *l* 以上の濃度で摂餌や成長に影響を与えることが報告されている*.

飼育水中に蓄積する硝酸量は以下のように見積もられる．体重 500 g に成長するまでの飼料効率が 110％程度であることから[10]，1,000 kg のヒラメを生産するのに必要な配合飼料の量は約 910 kg となる．また，市販の配合飼料の窒素含量は約 9％（粗タンパク質 56％）であり，ヒラメは飼料として摂取した窒素のおよそ半分を排泄することから[4]，飼育期間を通して排泄される窒素量は約 41 kg（910 kg×0.09×0.5）となる．したがって，飼育水中の硝酸濃度を 800 mg-N / *l* 以下に維持するために必要な水量は 51 m^3 となる．上述の飼育水槽と浄化槽の水量の合計が 27 m^3 となることから，硝酸の処理を行わない場合，飼育終了までに飼育水の全量を 1 回程度，新しい海水と交換することが必要となる．

1・5　pH 調整

アンモニアの生物酸化に伴って飼育水の pH およびアルカリ度が低下し，pH 6 以下では硝化作用が阻害されることから[8]，これを常時 7～8 の範囲に維持す

---

* 本田晴朗・岩田仲弘・武田重信・清野通康：平成 2 年度日本水産学会秋季大会講演要旨集，p.93（1990）.

る必要がある．

生物酸化されたアンモニア量（X，mg-N / l）とアルカリ度の減少量（Y，meq. / l）の関係は以下の一次式で表わされる[8]．

$$Y = 0.11\,X + 0.03$$

この式から 800 mg-N / l × 51 m^3 の窒素（アンモニア）の生物酸化に伴って低下する pH を 7～8 の間で維持するには，アルカリとして，約 380 kg の炭酸水素ナトリウムが必要となる．

1·6　その他

循環型では飼育水温を魚の好適条件に維持することが可能である．ヒラメの成長と水温の関係を明らかにするため，平均体重 4～176 g のヒラメを 10～30℃の一定水温で飼育した結果，供試魚の体重によらず，日間摂餌率は 25℃までは水温とともに上昇し，日間増重率は 20℃または 25℃で最大となった（図 8·1）[11]．約 400 g のヒラメを 10～25℃の一定水温で飼育した際の日間増重率も 25℃で最大となったことから[12]，ヒラメの成長適水温は，体重 400 g 程度までは 20～25℃にあると考えられる．27 m^3 の飼育水を 20～25℃に維持するためには，海水用ヒートポンプ（空気熱源）を用いた場合，気温と水温との差が最大 20℃で，20,000 kcal /

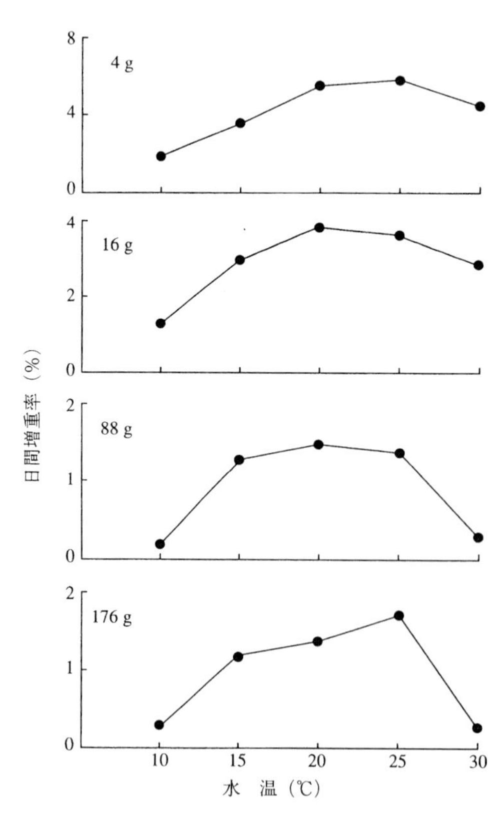

図 8·1　ヒラメの日間増重率に対する水温の影響[11]
平均体重 4，16，88，176 g のヒラメを 10，15，20，25，30℃の一定水温で，20 日間，配合飼料を与えて飼育した．

時程度の能力が必要と見積もられる．

飼育水中の酸素は，ヒラメの呼吸やアンモニアの酸化，さらには糞や残餌などの有機物の分解に伴って消費される[13]．ヒラメの酸素消費量が最大となるのは，窒素排泄量と同様，飼育終了時と考えられる．体重 500 g のヒラメにおける 20℃，摂餌時の酸素消費量は，36 ml-O_2 / 時 / 尾と報告されており[14]，2,000 尾では 72 l-O_2 / 時となる．アンモニアが硝酸まで酸化される際に消費される酸素量は，理論式から 3.2 ml-O_2 / mg-N となる[15]．摂餌後のヒラメのアンモニア排泄量が，最大約 1 mg / 100g-ヒラメ / 時であることから[4]，飼育終了時における硝化に伴う酸素消費は 32 l-O_2 / 時と見積もられる．この他，糞などの有機物の分解の際にも酸素が消費され，この量を硝化で使われる酸素量の 50％程度と仮定すると，施設全体の酸素消費量は120 l-O_2 / 時と算定される．空気曝気による酸素の溶解効率が 2.5％程度であることから[16]，他からの酸素溶入を想定しないと[17]，ブロアーを用いた場合の風量として 24,000 l / 時が必要となる．

循環ポンプについては，飼育水の回転率を 1 回 / 時とすると，450 l / 分の能力が必要となる．

循環型養殖における紫外線照射装置の効果に関する定量的な知見はないが，紫外線を照射することで飼育水中の懸濁物質濃度が低下することも報告されており[18]，給餌管理などを行う上で極めて有効と考えられる．

§2．循環型によるヒラメ生産例

上述の設計値を参考に，循環型のヒラメ養殖施設を構築し，飼育試験を行った[19]．

2･1　生産施設

以下の構成の総水量約 22 m^3 の施設（図 8･2）を，園芸用ビニールハウス内に設置した．

- 飼育槽：FRP 製，円形，直径 6 m，内高 1.15～1.25 m
  （底面は中央部の排水口に向かって傾斜）
- 浄化槽：FRP 製，角型，硝化槽 5 m^3（水量 4 m^3），沈澱槽 1 m^3（水量 0.8 m^3）
- ろ材：プラスチック製ネット状ろ材，1.8 m^3

・循環ポンプ：自吸式マグネットポンプ，最大流量 480 l/分
・水温調節装置：海水用ヒートポンプ，空気熱源，加温冷却能力約 21,000 kcal/時
・給気装置：空気ブロワー，最大風量 270 l/分，2 基
・紫外線照射装置：低圧水銀ランプ，540 W

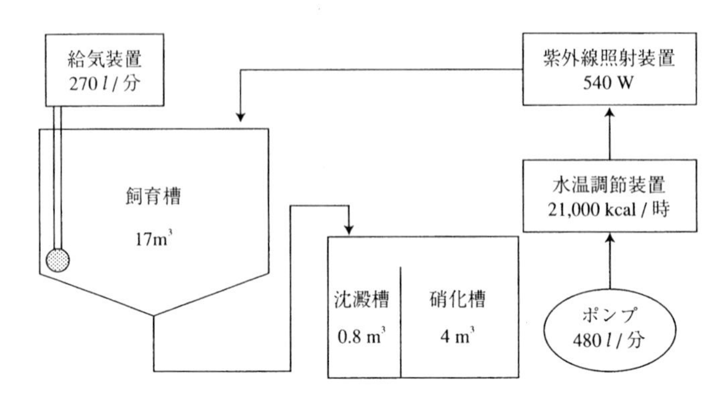

図 8･2　循環型ヒラメ養殖施設の模式図 [19]

2･2　飼育実験の概要

種苗生産業者より購入した平均体重 3.5 g のヒラメ 2,000 尾を市販の配合飼料を用いて飼育した．水温は 20～25℃に設定した．飼育水には天然海水を用い，飼育開始 193，243 および 337 日目に，ろ材の洗浄などに伴い，それぞれ 6，9 および 3 m^3 を新しい海水と入れ替えた．飼育水の pH は，炭酸水素ナトリウムにより 7～8 の範囲に維持した．飼育開始から 337 日目までを Phase1，それ以降を Phase2 とし，Phase2 では平均体重 562 g のヒラメ 1,127 尾を 197 日間飼育した．

飼育結果を表 8･2 に示した．Phase1 終了時の平均体重ならびに生残率は，それぞれ 480 g ならびに88％であった．また，死亡魚を考慮しない場合の飼料効率は 100％となった．使用した海水量の合計が 37 m^3 であったことから，ヒラメ 1 kg の生産に要した海水は 43 l となった．Phase1 で得られた結果は，総水量約 2 m^3 の施設を用いた飼育実験の結果と類似した．すなわち，2 m^3 の施設では，約 300 日間で平均体重 9 g から 501 g に成長し，生残率 80％，飼料効率 110％，さらに 1 kg の生産に要した水量は 30 l であった [10]．それぞれの

値にわずかな違いはあるものの，これらの結果から，循環型施設で配合飼料を用いてヒラメを飼育した場合，稚魚から 500 g に到達するのに要する期間は約 11ヶ月，生残率は 80%以上，飼料効率 100%以上が期待できる．また，その際に必要な飼育水量は，1,000 kg を生産する場合で，40 m^3 程度あれば十分と考えられる．

表8･2 循環型ヒラメ養殖例における飼育結果[19)]

	飼育期間（日）	平均体重（g）		生残率（%）	総重量（kg）	終了時飼育密度*1（kg/m^2）	飼料効率*2（%）	生産量当たり使用水量*3（l/kg･fish）
		開始時	終了時					
Phase1	336	3.5	480	88	845	30	100	43
Phase2	197	562	851	71	680	24	10	63

*1 飼育槽底面積（28 m^2）あたりの飼育密度．
*2 死亡魚を考慮していない．
*3 施設の総水量は 22 m^3 で，飼育 193，243，337日目に 6，9，3 m^{3}を新しい海水と入れ換えた．

飼育期間中の水質については，100 日目以降に溶存酸素の低下（図 8･3）やアンモニア，亜硝酸態窒素濃度の上昇がみられ，200 日目以降では硝酸濃度が低下した（図 8･4）．硝化槽の一部に嫌気部分が形成され，このため硝化槽が機能を十分発揮できなかったと考えられる．主な原因としては，設計値に比較して硝化槽容積が小さく，好気的条件が維持されなかったことと，硝化槽への酸素供給量の不足が推測される．なお，Phase2 では平均体重はほぼ直線的に増加したものの，生残率は 77%とこのサイズのヒラメでは著しく低かった．死亡魚には，外観上，魚病の症

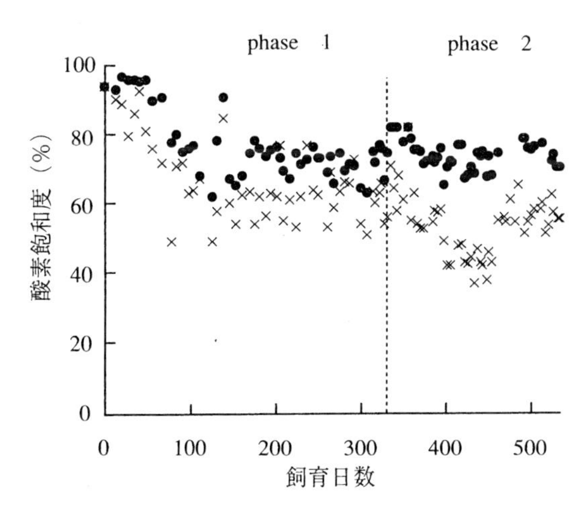

図8･3 循環型ヒラメ養殖例における飼育水中の溶存酸素飽和度の経時変化[19)]
●は飼育槽内を，×は浄化槽出口を示す．

候はみられなかったが，肥満度が低く，摂餌不良であったものと考えられた．

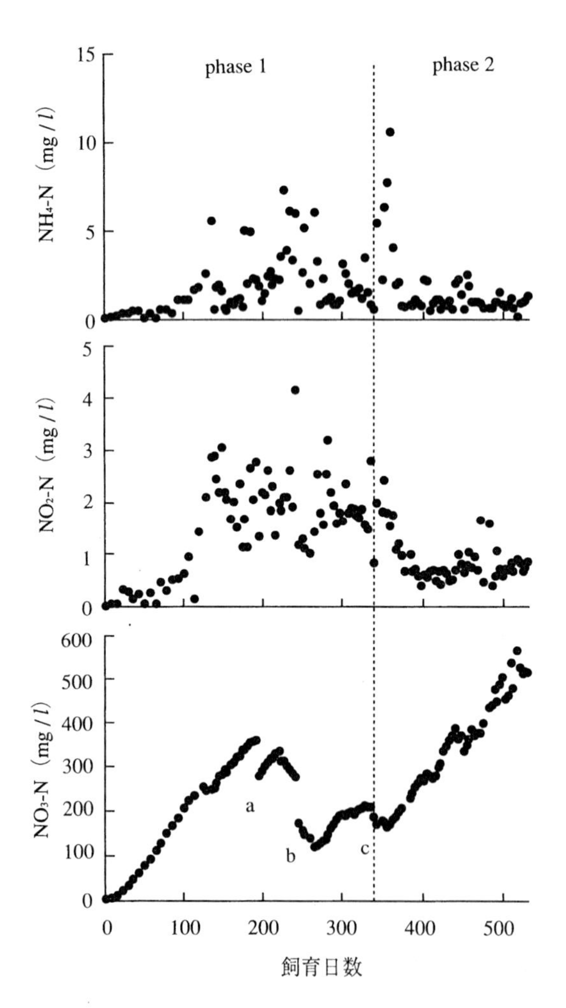

図8·4　循環型ヒラメ養殖例における飼育水中のアンモニア，亜硝酸，硝酸濃度の経時変化[19]
図中の a，b，c でそれぞれ新しい海水 6，9，3 m^3 と入れ換えた．

ヒラメでは成長に伴い，水温上昇などの環境変化による影響を受けやすくなることが示唆されていることから[12]，上述のような水質の悪化が，特に大型魚における生残率低下の一因となったものと推察された．

Phase1 における使用海水量は 37 m^3 であり，1 日当たりでは 0.11 m^3 となる．通常の掛け流し式養殖では，換水率が 10～20 回転 / 日であるため[3]，同規模の水槽（水量 17 m^3）における 1 日当たりの海水使用量は 170～340 m^3 となり，循環型の 1,500～3,000 倍となる．また，水槽底面積当たりの飼育密度は Phase1 で約 30 kg / m^2，Phase2 では 24 kg / m^2 であり，一般的な掛け流し式養殖の飼育密度である 5～15 kg/ m^2 の 1.6 倍以上となる[3]．

§3. 費用試算

循環型によるヒラメ生産の費用を，前述のPhase1から試算した．Phase1では，飼育水温を4月から11月は25℃に，これ以降は20℃に維持したが，電気使用量（ヒートポンプ，循環ポンプ，紫外線照射装置，ブロワー）の合計は41,237 kWhとなった（表8･3）．これに，生残率や飼料使用量などの結果を加えて，ヒラメ1 kgの生産に要する費用を計算すると，種苗として284円，飼料として349円，電気代として671円，合計で1,304円となる．なお，算定基礎として，電力量料金を年間平均11円/kwh（契約電力は10 kWの低圧電力），種苗の購入価格を120円/尾，配合飼料を350円/kgとした．これを掛け流し式養殖と比較すると，種苗や飼料の費用にはほとんど差がないものの，電気代，特に水温調節にかかる費用が循環型で高くなる．

表8･3　循環型ヒラメ養殖例（Phase 1）における機器別の電気使用量

機器	仕様	電気使用量（kWh / 日）	比率（%）
循環ポンプ	流量480 *l* / 分	44.4	36
紫外線照射装置	540 W	18.0	15
ブロアー	270 *l* / 分，2基	9.6	8
ヒートポンプ	出力7.5 kW	（50.7）*1	41

*1　飼育期間336日間の電気使用量合計（41,237 kWh）から，循環ポンプ，紫外線照射装置，ブロアーの電気使用量を差し引いて，1日当たりの平均値として算出した．

前述の飼育試験とほぼ同じ仕様の施設を市販品から構成した場合，飼育槽（直径6 m，内袋 ターポリンシート製，外枠 FRP製），硝化槽（容量4 m^3，FRP製），循環ポンプ（流量400 *l* / 分），紫外線照射装置（330 W），水温調節装置（空気熱源海水用ヒートポンプ，19,000 kcal / 時），ブロワーの購入に要する費用は約500万円と見積もられる（カタログ価格を参考）．掛け流し式養殖とは単純に比較できないが，循環型では硝化槽や水温調節装置などの費用が加わる．耐用年数を10年間と仮定した場合，設備費はヒラメ1 kg当たりで592円となる．

以上のように，循環型ヒラメ養殖では，水温調節にかかわる電気代や施設費が掛け流し式養殖にくらべて上昇する．水温調節には，成長促進ばかりではなく，エドワドジェラ症や，連鎖球菌症，ビブリオ病などの高水温期に発生する病気の防止効果も考えられる．現時点では，水温調節に関する総合的な経済性評価は困難であるが，生残率の向上や，自然水温に左右されない生産は，大きなメリットである．なお，水温調節を夜間の電力だけで行うことにより，電気代を低減する試みもなされている*.

前述のように，循環型では，既存の掛け流し式の 1,500～3,000 分の 1 程度の海水でヒラメを生産できる．その排水についても，量が極めて少なく，また，陸上施設であることから，公共下水などによる処理が可能である．このため，これまで自然海域に逸散していた排泄物を一般排水と同様に扱うことができるようになり，自然環境への汚濁負荷低減には多大な効果があると考える．

ヒラメは，ブリやマダイなどと比較して飼料効率が高く，水質への汚濁負荷量も小さいことから [20]，水質管理の点からも循環型に適した魚種といえる．また，品質の点においても，循環型での生産が肉質に影響を与えないことが確認されている [21]．循環型における生産費用は，主に水温調節にかかわる電気代やろ過槽，水温調節装置などにより，掛け流し式に比べて高くなる．しかし，これらにより，生残率の向上や成長促進が達成されることも事実である．今回紹介した生産例では，終了時の飼育密度として飼育水量当たり38 kg / m^3（845 kg / 22 m^3）が得られたが，純酸素やマイクロスクリーンなどを用いることにより生産量を 50 kg / m^3 程度まで上昇させることが可能であると考えられる [22]．

異体類の循環型養殖については，わが国では複数の企業でヒラメを対象として，また，サザンフラウンダーやターボットについてもアメリカやフランスなどにおいて検討が進められている．

* 本田晴朗・石塚治男：平成 10 年度日本水産学会秋季大会講演要旨集，p.102（1998）.

文　献

1）農林水産省統計情報部：平成 8 年 漁業・養殖業生産統計年報，農林統計協会，1997，325pp.

2）本田晴朗・清野通康・菊池弘太郎・佐伯功：電力中央研究所報告，U86052，1987，15pp.

3）青海忠久：ヒラメ，浅海養殖（社団法人 資源協会編），大成出版社，1986，pp.246-265.

4）菊池弘太郎：ヒラメの循環濾過式養魚に関する研究，博士論文，長崎大学大学院，1994，pp.153.

5）K. Kikuchi, S. Takeda, H. Honda, and M. Kiyono : *Nippon Suisan Gakkaishi*, **57**, 2059-2064（1991）.

6）K. Kikuchi, T. Sato, N. Iwata, I. Sakaguchi, and Y. Deguchi : *Fisheries Science*, **61**, 604-607（1995）.

7）菊池弘太郎・佐伯功・植本弘明・清野通康：電力中央研究所報告，U89034，1989，16pp.

8）K. Kikuchi, H. Honda, and M. Kiyono : *Fisheries Science*, **60**, 133-136（1994）.

9）武田重信・本田晴朗・菊池弘太郎・岩田仲弘・清野通康：電力中央研究所報告，U90042，1990，25pp.

10）H. Honda, Y. Watanabe, K. Kikuchi, N. Iwata, S. Takeda, H. Uemoto, T. Furuta, and M. Kiyono : *Suisanzoshoku*, **41**, 19-26（1993）.

11）N. Iwata, K. Kikuchi, H. Honda, M. Kiyono, and H. Kurokura : *Fisheries Science*, **60**, 527-531（1994）.

12）岩田仲弘・古田岳志・菊池弘太郎・本田晴朗：電力中央研究所報告，U97077，1998，14pp.

13）K. Hirayama, H. Mizuma, and Y. Mizue : *Aquacult. Engineering*, **7**, 73-87（1988）.

14）本田晴朗・菊池弘太郎・岩田仲弘・武田重信・渡部良朋・植本弘明・清野通康：電力中央研究所報告，U91013，1991，25pp.

15）洞沢　勇：生物学的脱窒法，特殊生物処理法（洞沢勇編），思考社，1984，pp.115-129.

16）本田晴朗・菊池弘太郎・渡部良朋・岩田仲弘・武田重信・植本弘明・古田岳志・清野通康：電力中央研究所報告，U94018，1994，29pp.

17）桑原　連・佐伯有常・中島真一：日本海水学会誌，**46**，135-149（1992）.

18）武田重信・菊池弘太郎：電力中央研究所報告，U93056，1994，23pp.

19）T. Furuta, K. Kikuchi, N. Iwata, and H. Honda : *Suisanzoshoku*, **46**, 557-562（1998）.

20）K. Kikuchi, T. Furuta, I. Sakaguchi, and Y. Deguchi : *Suisanzoshoku*, **44**, 471-477（1996）.

21）岩田仲弘・菊池弘太郎・武田重信・清野通康：電力中央研究所報告，U90018，1990，19pp.

22）本田晴朗・菊池弘太郎・岩田仲弘・古田岳志：電力中央研究所報告，印刷中.

9．泡沫分離・硝化脱窒システムによるウナギの閉鎖循環式高密度飼育

鈴木祥広*・丸山俊朗*

内水面養殖業のなかでもウナギ養殖は，収穫量（1997 年全内水面養殖業収穫量合計の約 36%，約 2,417 トン）[1]，および経済的（全内水面漁業総生産額 50%以上）[1] に極めて重要である．ウナギ養魚場からの単位収容量当たりの負荷量は，人口当量で換算すると全窒素（T-N）では 47人 / トン収容量，全リン（T-P）は77人 / トン収容量であり [2]，生産量から見積もるとその負荷量は極めて大きい．養殖排水を全く出さない養殖システムが開発されれば，著しく負荷源の削減に寄与できると考えられる．

丸山ら [3, 4] は，従来用いられてきた水処理法とは全く異なる泡沫分離法を開発し，この泡沫分離と硝化のプロセスを組み合わせた閉鎖循環式のシステムを構築し，海産魚類の活魚輸送や畜養に極めて効果的に利用できることを明らかにした．この泡沫分離法の特色は，魚から分泌されるタンパク質である体表面粘質物が懸濁物を気泡に吸着させる捕集剤（バインダー）としての役割を果たし，かつ水面に泡沫を生成させる起泡剤として働く性質を利用した点である．本泡沫分離法は，これまで水質を悪化させてきた溶解性有機物質の 1 つである粘質物を水処理の薬剤として利用しており，画期的方法と考えられる．筆者らは，海産魚のヒラメを対象魚とし，泡沫分離と硝化を組合わせた閉鎖循環式の泡沫分離・硝化システムによって給餌を伴う飼育（養殖）が可能であることを明らかにした [5]．内水面水域の富栄養化が慢性的になってきている今日，淡水養殖における閉鎖循環式システム開発のニーズは，海産養殖以上に急速に高まってきている．

そこで，本研究では泡沫分離，硝化，および脱窒プロセスを組合わせた魚類飼育システムを構築し，ウナギの閉鎖循環式飼育を行った．そして，飼育水の水質，生残率，増重量，ならびに飼料効率から，そのウナギの閉鎖循環システ

* 宮崎大学工学部

ムでの養殖の可能性を検討した.

§1. システム, 材料, および方法

1・1 システムの構成と管理

閉鎖循環式の泡沫分離・硝化システム（以降, 閉鎖システムとする）を図 9・1 に示した. 本システムは, 飼育水槽（0.5 m^3, 水量は 0.43 m^3), 空気自給式エアレーター（200 V, 0.2 kw）を設置した泡沫分離槽（0.25 m^3), および硝化槽（0.16 m^3）からなり, 全水量は 0.84m^3 とした. 設置場所は, 屋内研究施設内とした. 泡沫分離槽には水温調整用のヒーター（100 V, 1kw）と pH 制御ポンプを取り付けた. 最初の飼育水には水道水を用い, 循環ポンプで飼育水を循環させ, 1 循環時間は 15 分（56 l / 分）とした. 飼育水槽の水表面積は 1 m^2 である. 飼育水は, 循環ポンプで気液接触槽に送られ, ここで溶存酸素濃度（以降, DO とする）は飽和に達し, 同時に懸濁物などが泡沫分離処理される. 続いて, 上向流の硝化槽でアンモニア性窒素（以降, NH_4-N とする）が硝化され, 同時に懸濁物が除去されて, 処理水は再び飼育水槽に返送される.

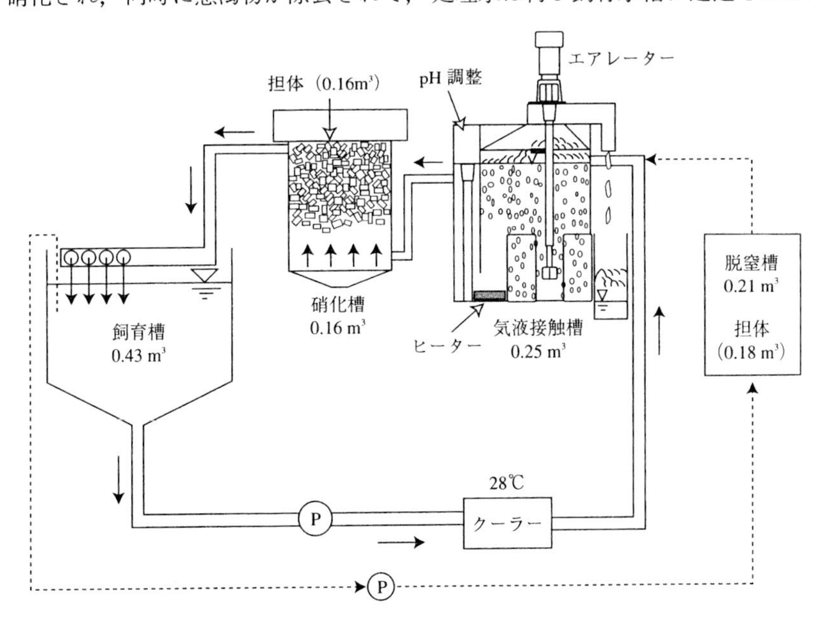

図9・1 閉鎖循環式泡沫分離・硝化脱窒システム

飼育水の pH は，pH 自動制御装置（イワキ製，EH/W-PH，薬液貯留槽 50 *l*）を用いて 5%炭酸水素ナトリウム溶液（和光純薬製，特級）を滴下し，下限 pH を 7.8 に設定し，水温は 28℃に設定した．このシステムは，泡沫分離と蒸発による飼育水の減少量を水道水で調節するのみであり，ほぼ完全な閉鎖循環式システムといえる．

気液接触槽には，気泡を供給するために，空気自給式エアレーター（特許「曝気装置」昭 62-34438）を設置してある．このエアレーターは，モーター直結でインペラーを回転させると負圧を生じて，空気を自動的に水中に引き込み，空気は羽根と水でせん断されて微細気泡を供給し，邪魔板の効果も加わって激しく混合される．飼育水は下方から流入し，気液接触槽内で発生した安定泡沫が分離される．生成された安定泡沫は気液接触槽に設けた排気ダクトから自動的に排除される．また，このエアレーターは，微細気泡を供給し，激しく混合するため，気液接触槽に流入した飼育水には，泡沫分離処理と同時に酸素が極めて効率良く溶解する[5)]．

硝化槽には，高密度ポリエチレン製波状円筒形の担体[6)]（古川電気工業製，外径 14 mm，内径 11 mm，長さ 14 mm，比重 0.93）を 0.16 m^3（表面積 93 m^2）充填した．なお，担体にはあらかじめ硝化菌を定着させ，活性化を確認してから実験に供した．

1･2　脱窒プロセスの導入

先に構築した閉鎖システムに脱窒プロセスを組み込んだ泡沫分離・硝化脱窒システム（以降，閉鎖脱窒システムとする）を再構築した（図 9･1，破線部参照）．飼育水槽，気液接触槽，および硝化槽を循環する経路とは別に，飼育水槽から上向流の脱窒槽（0.21 m^3）を通り，脱窒処理された飼育水は気液接触槽に返送される．泡沫分離・硝化脱窒システムの全水量は 1.05 m^3 である．脱窒槽には，硝化槽に充填した担体と同様のものを 0.18 m^3（表面積 104 m^2）充填した．脱窒槽には飼育水とメタノールを注入するポンプをそれぞれ設置した．なお，脱窒プロセスの適切な処理条件は，既知の知見[7)]と後述する脱窒実験の結果をもとに，脱窒槽の滞留時間は 26 時間とし，飼育水の NO_3-N の 3 倍量に相当するメタノールを電磁定量ポンプ（イワキ製，EH-B15）で連続的に脱窒槽に注入した．

1・3　飼育実験

1）飼育実験-1：閉鎖システムの試み

宮崎市内の養鰻業者からウナギ成魚（約 200 g，出荷サイズ）10.0 kg を購入（購入日，1997 年 12 月 17 日）し，閉鎖システムの飼育水槽に放養して 22 日間の順化を行った．飼育水槽におけるウナギの収容率（飼育水槽の水量に対するウナギの総重量の割合）は開始時で 2.3％であった．摂餌が活発になった時点から飼育実験-1 を開始した．飼育期間は 33 日とした．給餌は毎日行い，1 日当たりの給餌回数は午前 10 時の 1 回とした．市販のウナギ用配合飼料（富士製粉製）を用い，給餌量は乾重量で 100～140 g とした．飼育実験-1 においてはウナギは実験期間を通して給餌した飼料をすべて摂餌したので，給餌量は摂餌量となる．飼育実験-1 では，順化期間を含めた 55 日間，飼育水は全く排出せずに飼育を行った．

2）飼育実験-2：脱窒プロセスの導入

脱窒プロセスを組み込んだ閉鎖脱窒システムを再構築し，ウナギの飼育実験を再度行った．ウナギの購入業者および飼育方法は，飼育実験-1 と同一とした．ウナギ成魚（約 200 g）10.0 kg を飼育槽に放養し（購入日，1998 年 12 月 16 日），飼育実験-2 を開始した．飼育実験-2 では，順化期間を設けず，投入直後から水質，摂餌量の測定を開始した．給餌は毎日行い，1 日当たりの給餌回数は午前 10 時の 1 回とした．飼育実験-2 では，飼育実験-1 と比較して摂餌量が少なかったので，1 日当たりの給餌量は 100 g とし，摂餌量は残餌量から差し引いて求めた．飼育実験-2 の開始時は，飼育実験-1 と同様に泡沫分離と硝化のプロセスのみの閉鎖システムを運転し，NO_3-N の蓄積が顕著となってから，脱窒プロセスを導入して脱窒処理を開始した．飼育実験-2 では，88 日間で 1 回，硝化槽の洗浄のために一部換水を行った．

1・4　脱窒実験

脱窒処理に関する知見は，水処理の分野において多数蓄積されている．通常，脱窒反応は嫌気性条件下で，pH7.5，水素供与体としてメタノールを用い，その注入量は NO_3-N の 3 倍程度必要とされる．そこで，本実験では，これに習って条件を設定し，硝化槽に充填したポリエチレン担体で脱窒処理も可能か，またどの程度の平均滞留時間が必要かについて検討した．

脱窒実験装置を図 9･2 に示した．原水は，貯留槽から循環ポンプ（イワキ製，B15型）で上向流で脱窒塔（直径 7 cm，高さ 100 cm，担体充填量 3,800 cm^3，全表面積 2.2 m^2）を通過し，再び貯留槽に返送される．水道水 20 l に，NO_3-N 濃度 300 mg / l，PO_4-P 60 mg-P / l，メタノール濃度 900 mg / l（TOC として 338 mg-C / l）になるように調整し，さらに，脱窒菌の植種を目的として，沼池底泥（宮崎大学構内）の懸濁液を 200 ml 添加してこれを脱窒実験に用いる原水とした．なお，閉鎖システムの飼育水の DO は飽和に近い環境であることから，貯留槽は常時空気で曝気した．流量 0.3 l / 時で循環を開始し，NO_3-N 濃度の変化を調べた．原水の脱窒塔における滞留時間は約 13 時間である．貯留槽の NO_3-N 濃度が低下し，脱窒菌の着生が確認できた時点で，新たに作成した原水（底泥懸濁液は加えない）と交換し，脱窒塔での滞留時間が 13 時間と 26 時間となるように流量調整し，この 2 系で実験を開始した．脱窒反応が進むと pH は上昇するので，脱窒に最適とされる pH7.5 を目標に 7.0～7.5 の

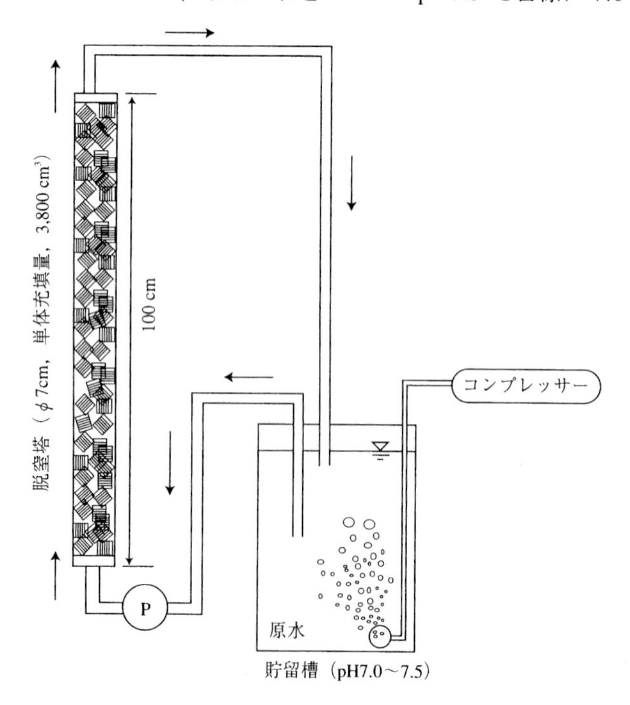

図 9･2　脱窒実験装置

範囲になるよう手動で 1N 塩酸で毎日調整した．水質分析に用いる試料は貯留槽から採水し，NO_3-N と TOC を毎日測定した．また，貯留槽と脱窒塔から流出してくる試料をそれぞれ採水し，DO を測定した．

1・5 水質分析

水質分析に供する飼育水は，午前 10 時の給餌前に飼育水槽から 1～2 日毎に 250 m*l* のポリビンに採水し，直ちに分析する試料と冷凍保存（−20℃）する試料に分けた．泡沫分離槽から排除される泡沫分離水については，給餌後にすべてを回収し，その都度，水量を測定してから分取して冷凍保存した．分析項目と分析方法は表 9・1 に示した．なお，濁度は精製カオリン 1 mg / *l* 懸濁液の光学特性値を 1 濁度単位（Turbidity Unit：TU）とした．UV の 260 nm における吸光度は，生物難分解性有機物濃度の一指標とされる[8]．また，DO 飽和度は，飼育水を 1 時間以上曝気後静置したものを DO 飽和水として，それに対する相対百分率として求めた．なお，純水の DO 飽和濃度は，水温 28℃で 7.75 mg / *l* である．

表 9・1 水質変化および物質収支における分析方法

分析項目	分析方法，分析機器
水温	棒状温度計
pH	ガラス電極法，東亜電波製 HM-12P
◎溶存酸素（DO）	ウィンクラー法
◎濁度（TU）	積分球式光電光度法，東京電色製 2600
全有機炭素（TOC）	燃焼赤外分析法，島津製 TOC5000
紫外部吸光度 260 nm	吸光光度法，島津製 UV2200
色度	吸光光度法，島津製 UV2200
電気伝導度	東亜電波製 CM-30S
◎アンモニア性窒素（NH_4-N）	ネスラー法，HACH DR2000
◎硝酸性窒素（NO_3-N）	カドミウム還元法，HACH DR2000
◎亜硝酸性窒素（NO_2-N）	ジアゾ化法，HACH DR2000
◎全窒素（TN）	アルカリ性分解 - 紫外部吸光光度法，島津 UV2200
リン酸態リン（PO_4-P）	アミノ酸法，HACH DR2000
全リン（TP）	ペルオキソ二硫酸カリウム分解法

§2. 脱窒プロセスなしの閉鎖システムにおける水質と物質収支（飼育実験-1）

2・1 積算摂餌量とウナギ増重量

飼育実験-1 における積算摂餌量とウナギ増重量を図 9・3 に示した．ウナギは，毎日活発に摂餌し，33 日間の飼育期間における増重量は，2.53 kg であった．

生残率は 100％であり，養殖実験の期間中，排水・換水することなく，ウナギを飼育することができた．ウナギ増重量 2.53 kg，総餌量 3.96 kg から飼料効率〔(増重量/摂餌量）× 100％〕を求めると，63.9％であった．

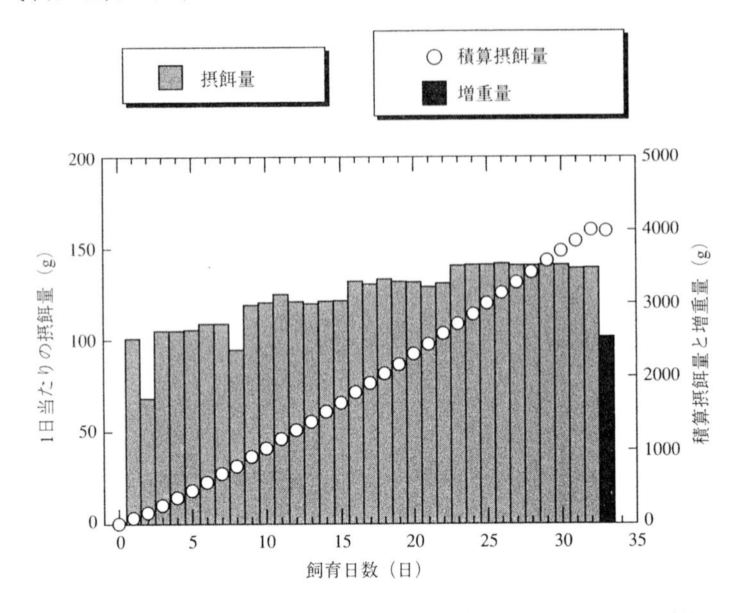

図 9·3　飼育実験-1 における 1 日当たりの摂餌量，積算摂餌量，およびウナギ増重量

2.2　飼育水の水質変化

飼育水の DO，三態窒素，および T-N の経日変化を図 9·4 に示した．魚類の生命維持に不可欠な DO は，期間を通して飽和度で 79.5～97.5％（平均 89.7±4.5％，n＝34）と高い値で推移し，本システムは極めて良好に酸素を供給し，維持できることが明らかであった．毒性の高い NH_4-N は 1 mg-N / *l*（平均 0.76 mg-N / *l*）以下であり，NO_2-N も 2 mg-N / *l*（平均 1.95 mg-N / *l*）以下で推移しており，硝化が良好に進んでいたことがわかった．しかし，硝化によって生じる NO_3-N は，日数の経過とともに増加し，230 mg-N / *l* に達したが，ウナギの摂餌は活発であり，飼育に問題を生じるレベルではないと考えられた．しかし，閉鎖システムで飼育を継続したとすれば，NO_3-N は，蓄積さ

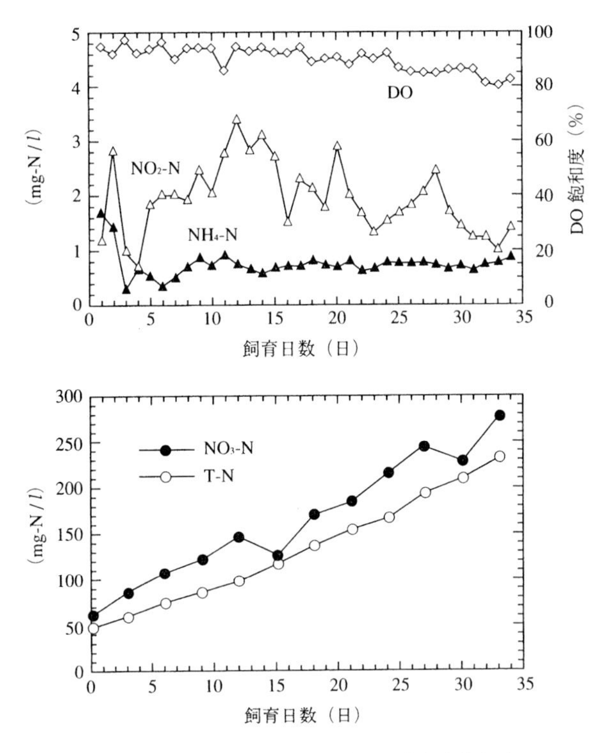

図9･4　飼育水の溶存酸素飽和度（DO），三態窒素濃度（NH_4-N，NO_2-N，NO_3-N），および全窒素濃度（T-N）の変化（飼育実験-1）

れ続けると推定され，高濃度の NO_3-N の蓄積はウナギの生育に問題を生じる可能性が高い[9]．したがって，閉鎖システムにおいては，飼育水からの NO_3-N の除去プロセスが不可欠であることがわかった．T-N も日数の経過とともに増加し，NO_3-N と T-N の差が有機態窒素であるが，飼育水に蓄積する T-N の80％程度が NO_3-N であった．図 9･5には，飼育水と分離水の濁度，および飼育水の電気伝導度の経日変化を示した．飼育水の濁度は，実験開始から 25 日目までは増加して 14 TU に達し，それ以降急激に減少してから再び増加する傾向を示した．これに対して，分離水の濁度は 25 日目から増加し始め，100～350 TU の高い濃度の分離水が回収された．分離水は，24 日目までのものは，濁度がほぼ 0 であり，無色透明かつ無臭で，蒸発した水が結露したものと推定され

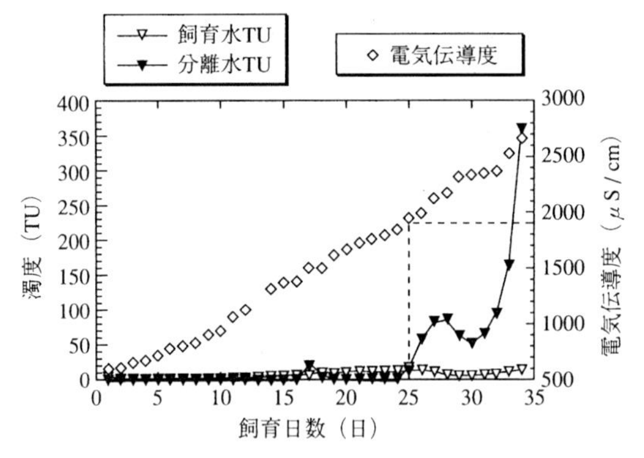

図9·5　飼育水と分離水の濁度，ならびに飼育水の電気伝導度の変化（飼育実験-1）

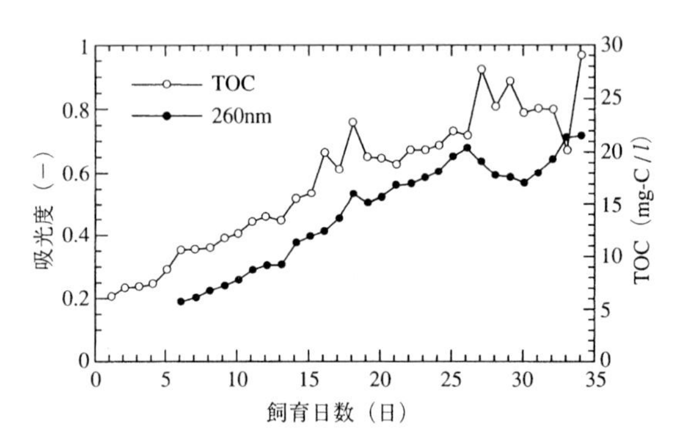

図9·6　飼育水の 260 nm 吸光度および全有機炭素濃度（TOC）の変化

た．しかし，25 日目以降は，タンパク質特有の安定泡沫が回収され，この泡沫には懸濁物が吸着しており，消泡した分離水には懸濁物が濃縮された．25 日目以降の濁度は，10～350 TU に急激に増加した．このことから，懸濁物を吸着した安定泡沫が生成し，回収されることによって飼育水の濁質が除去されたと考えられる．飼育水の電気伝導度は，日数の経過とともに増加し，25 日目に 1,900 μS / cm に達し，このときから安定泡沫の生成が開始された．ウナギ体表面粘質物の泡沫生成能は，塩濃度によって高められることから，安定泡沫が生成される要因は，粘質物濃度と飼育水に蓄積される塩濃度に関係があると考えられる*．

260 nm 吸光度と TOC の変化を図 9·6 に示した．260 nm 吸光度の増加に伴って TOC も増加し，34 日目に TOC は 29 mg-C / *l* に達した．飼育水は飼育日数の経過に伴って徐々に黄褐色を呈した．このことから，黄褐色の溶解性有機物が蓄積したと考えられる．

PO_4-P および T-P の経日変化を図 9·7 に示した．いずれも飼育日数とともに増加し，実験終了時には PO_4-P は 16.6 mg-P / *l*，T-Pは44.7mg-P/ *l* に達し

* 鈴木祥広・丸山俊朗：第 33 回日本水環境学会年会講演集，p.336（1999）.

た．飼育水に蓄積したT-P の 60%が有機態リンであった．

2.3 物質収支

飼育実験-1 におけるシステムの物質収支を図9･8 に示した．配合餌料の総摂餌量中の C，N，P の総量を 100%として算出した．C は，31%がウナギの成長に利用され，1%が有機物として飼育水に蓄積し，0.02%が泡沫分離で除去され，1%が沈澱物として硝化槽に蓄積した．残りの 67%はウナギの呼吸や微生物の分解によって二酸化炭素となってシステム外に放出したと考えられる．N は，35%がウナギの成長に利用さ

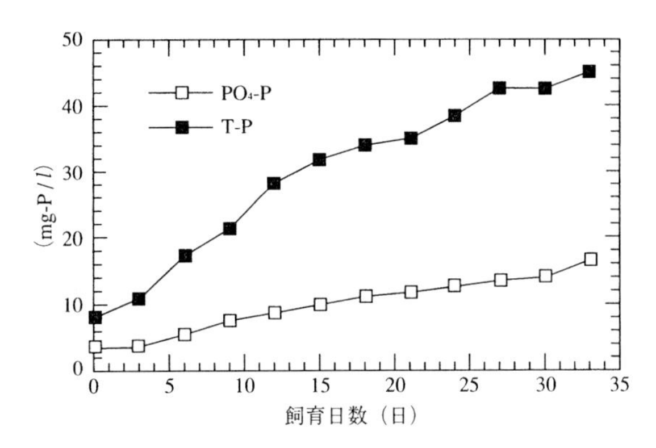

図9･7 飼育水のリン酸態リン濃度（PO₄-P）および全リン濃度（T-P）濃度の変化

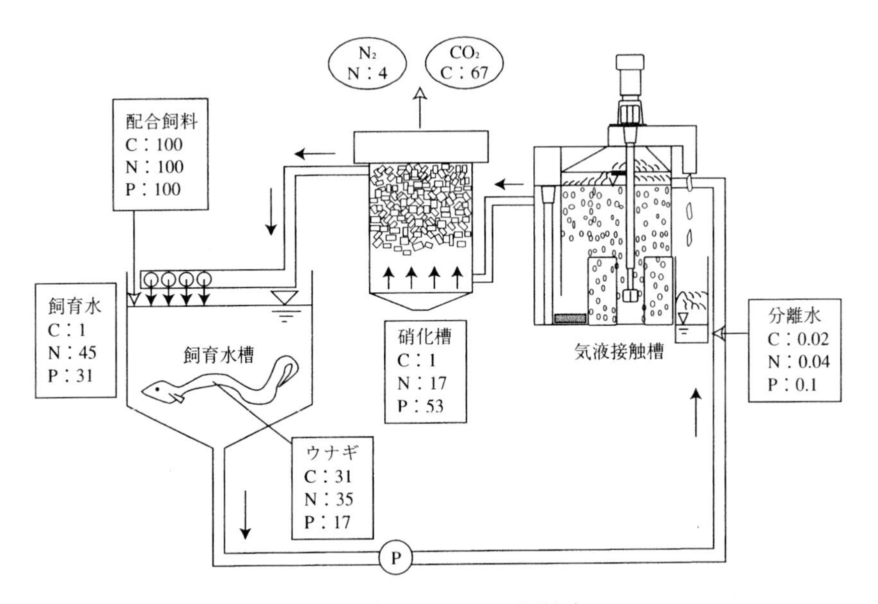

図9･8 飼育実験-1 における物質収支

れ，45％が飼育水にNO_3-N ならびに有機態 N として飼育水に蓄積し，0.04％が泡沫分離で除去され，16％が硝化槽に沈澱物として蓄積した．残りの 4％は脱窒作用により N_2 ガスとしてシステム外に放出されたと考えられる．N は，ウナギへの利用を除くと，主に NO_3-N としてシステム内に蓄積することがわかった．なお，C と N のガスの割合は，飼育水，硝化槽，およびウナギに相当する割合を差し引いて得られた値であるので，ガスの割合は分析誤差とその他の見積もり誤差を含んだ値である．P は，17％がウナギの成長に利用され，31％が飼育水にPO_4-P と有機態 P として蓄積し，0.1％が泡沫分離で除去され，53％が沈澱物として硝化槽に蓄積した．また，システムにおける主要な懸濁物の除去プロセスは，硝化槽であったことを示している．すなわち，本硝化槽は，NH_4-N と懸濁物を同時に処理できることがわかった．したがって，硝化槽の担体の充填量は，硝化とろ過の両面から最適化を図る必要がある．

§3．脱窒プロセスの条件設定

脱窒実験における原水の NO_3-N 濃度，TOC 濃度，および DO の変化を図 9·9 に示した．滞留時間が 13 時間と 26 時間のいずれにおいても，実験開始から 4 日目までは，NO_3-N と TOC は急激に直線的に減少した．この傾きから脱窒速度を求めると，13 時間では 345 mg-N / m^2 / 日，26 時間の槽では 305mg-N / m^2 / 日となった．貯留槽の DO は，飽和度で 90％であったが，脱窒塔からの流出水の DO は 0.5～3 mg-O_2 / l 程度であり，塔内は嫌気的環境にあったと考えられる．しかし 5 日目以降，NO_3-N の減少は緩やかとなり，5～19 日間の脱窒速度は 13 時間では 37 mg-N / m^2 / 日，滞留時間 26 時間の槽では53 mg-N / m^2 / 日となり，脱窒速度は実験初期の場合と比較して 1/9～1/6 倍に極端に低下した．この間の TOC 濃度は 20 mg-C / l で一定に推移し，変化がほとんどみられなかったことから，脱窒速度の低下は，脱窒に必要なメタノールが消費され，枯渇したためと考えられた．そこで，20 日目に，残留した NO_3-N 濃度の 3 倍量に相当するメタノールをそれぞれの貯留槽に添加して実験を継続した．メタノールの再添加後，滞留時間 26 時間の場合には，再び NO_3-N が減少し始め，40 日目以降には 1 mg-N / l 以下となった．一方，滞留時間13時間の場合には，TOC は急激に減少していくにもかかわらず，NO_3-N の変化はほとんどみられず，1 mg-N / l 以下まで低下させるまでに，さらに 2 回のメタノールの添加が必要であった．また，メタノールの添加量も約 30％多く必要とした．このことから，脱窒効率は，26 時間の方がよいことがわかった．

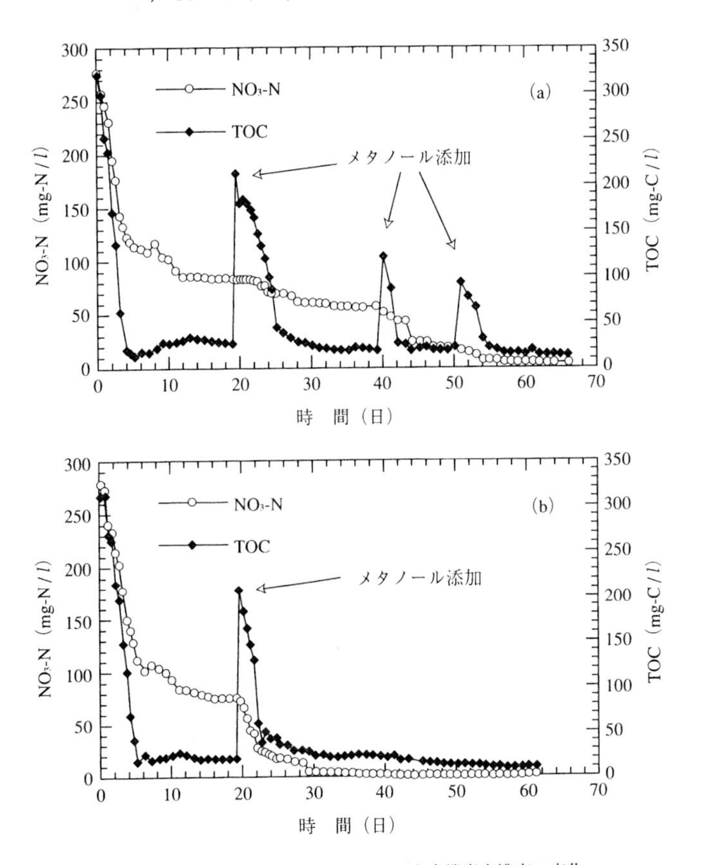

図 9・9　脱窒実験における硝酸性窒素および全有機炭素濃度の変化
（a）脱窒塔滞留時間，13 時間；（b）脱窒塔滞留時間，26 時間

§4. 脱窒プロセスを組み込んだ閉鎖脱窒システムの水質と窒素削減量（飼育実験-2）

4・1　積算摂餌量とウナギ増重量

飼育実験-2 における 1 日当たりの摂餌量と積算摂餌量を図 9・10 に示した．

生残率は，100％であり，死亡した個体はなかった．しかし，飼育を開始してから20日間を経過しても摂餌量は20 g程度であり，飼育実験-1と比較して摂餌量は著しく少なく，1日当たりの摂餌量が100 gを越えた日は10日であった．購入したウナギの摂餌活性が低かったためと考えられる．飼育期間の88日間における総摂餌量は乾重量で3,727.4 gであったが，ウナギの総重量の増加は全くみられなかった．この原因は，摂餌量が少なかったこと，ならびに実験に供したウナギ1尾当たりの重量が200 g程度の成魚であり，成長速度が遅いためと考えられる．

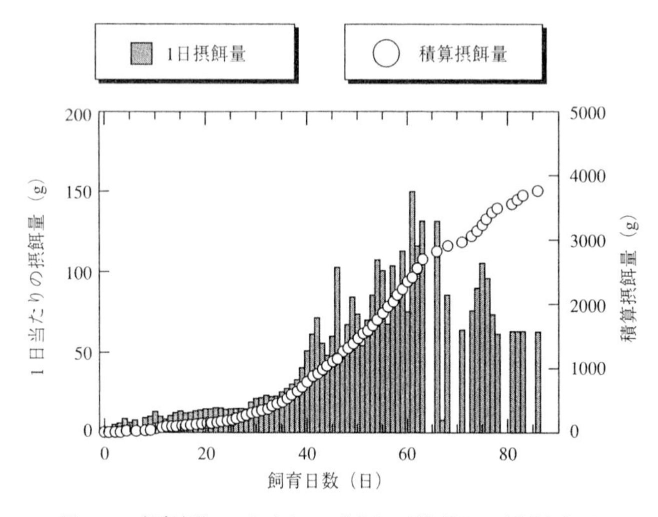

図9･10　飼育実験-2における1日当たりの摂餌量および積算摂餌量

4･2　飼育水の水質変化

実験期間を通して，飼育水のDO飽和度は76.9～99.9％（平均88.2±6.8％，n＝62）であり，飼育実験-1と同様に，閉鎖脱窒システムの飼育水は常に高いDOで維持されていたことがわかった．

NH_4-N，NO_2-N，NO_3-N，およびT-Nの経日変化を図9･11に示した．NH_4-NとNO_2-Nは，それぞれ0.02～0.25 mg-N / l（0.12±0.06，n＝76）と0.031～1.080 mg-N / l（0.082±0.210，n＝76）の低濃度の範囲内で変化し，硝化が良好に進んでいたことが明らかであった．実験期間中にpHの設定を7.80から7.50に変更（56日目）したが，NH_4-N濃度が増加する傾向はみられず，硝化は pH 7.5 でもよいことがわかった．NO_3-N と T-N の濃度差は有機態窒素の濃度であるが，その差は小さく，飼育水の T-N の大部分が NO_3-N であるこ

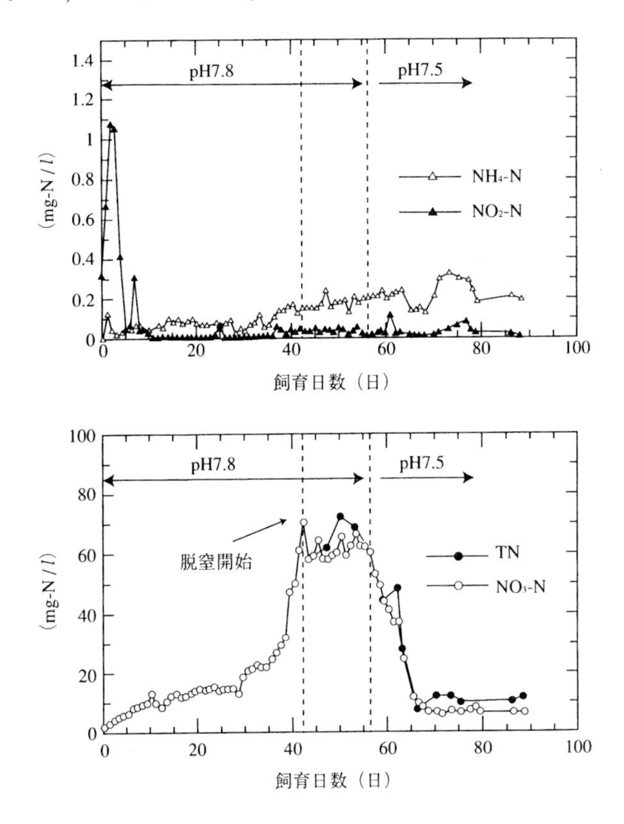

図9・11　飼育水の三態窒素濃度（NH_4-N，NO_2-N，NO_3-N），および全窒素濃度（T-N）の変化（飼育実験-2）

とがわかった．脱窒プロセスを稼働させる以前は，飼育実験-1 と同様（図 9・4）に，日数の経過とともに増加し，42 日目において 71 mg-N / *l* に達した．そこで，42 日目から脱窒プロセスを稼働させた．脱窒槽に飼育水を引き込むことによって，飼育水槽の水位が低下したので，脱窒槽の容積に相当する水量を水道水で加えて飼育水槽の水位を調整した．このとき，飼育水は約 1.1 倍に希釈されたことになる．43 日～56 日目では，ウナギは摂餌しているのにも関わらず，NO_3-N の上昇はみられず，横這いの傾向を示した．これは飼育水に蓄積するは

ずの NO_3-N が脱窒によってシステム外に除去されたためと考えられた．56 日目までの pH は硝化反応に最適な 7.8 に設定していたが，硝化は極めて良好に進んでいたことから，脱窒反応を効果的に進めるため，56 日目から脱窒反応に適切な pH 7.5 に設定を変更した．その結果，変更直後の 57 日目から脱窒速度が高まり，NO_3-N は減少した．64 日目には，硝化槽の洗浄を行うためにシステムから飼育水を約 400 *l* 程度引き抜いたので，水道水を注水して水量を調整した．64 日目に NO_3-N が急激に減少したのは水道水で飼育水を希釈したためである．ところが，65 日目以降も NO_3-N は減少し，実験終了時には，6.9 mg-N / *l* に低下した．飼育水の pH を 7.5 に設定することによって，脱窒プロセスが良好に進んだことが明らかであった．

図 9･12 には，飼育水と分離水の濁度の経日変化を示した．ウナギの体表面粘質物由来と考えられる泡沫の生成は，39 日目から確認され，このときの電気

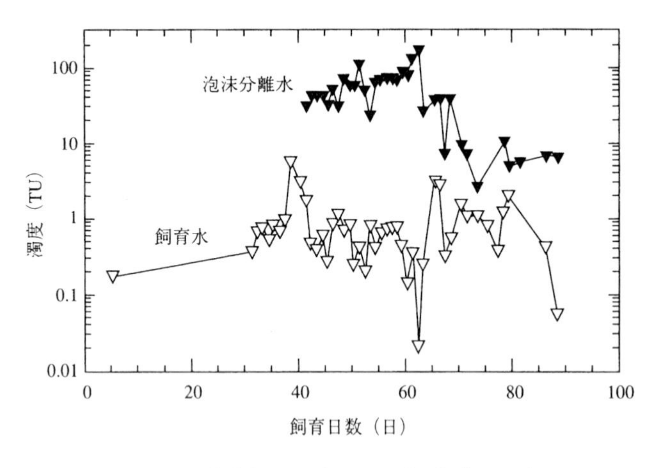

図 9･12　飼育水と分離水の濁度変化（飼育実験-2）

伝導度は 865 μS / cmであった．飼育実験-1 と比較して，泡沫生成が開始されたときの電気伝導度が低かったが，この原因は不明である．それ以降，泡沫分離水として，1 日当たり約 400 m*l* 回収された．飼育水の濁度は，実験期間を通して極めて低く，平均 0.79±0.981 TU （n＝46）であり，水道水基準の 2TU を下回った．一方，泡沫分離水は，飼育水と比較して 2 オーダー程度高く，平均 63.88±32.86TU （n＝35）であった．泡沫分離によって懸濁物が飼

育水から除去されて，泡沫分離水に濃縮されたことが明らかであった．

実験-2 終了時において，飼育水に蓄積される成分である PO_4-P，T-P，ならびにTOC は，それぞれ，7.48 mg-P / l，22.52 mg-P / l，9.61 mg-C / l であった．また，飼育水は黄色を呈し，260 nm 吸光度は 0.207 であったが，実験-1 と比較すると，着色の程度は小さく，260 nm 吸光度は 1/3 倍以下であった．これは，積算摂餌量が少なかったためと考えられる．

4・3 単位摂餌量当たりのシステムへの N の負荷量とその削減量

飼育実験-2 における積算摂餌量に対する NO_3-N の蓄積量の関係を図 9・13 に示した．飼育水の NH_4-N は，実験期間を通じて 0.25 mg-N / l 以下であった

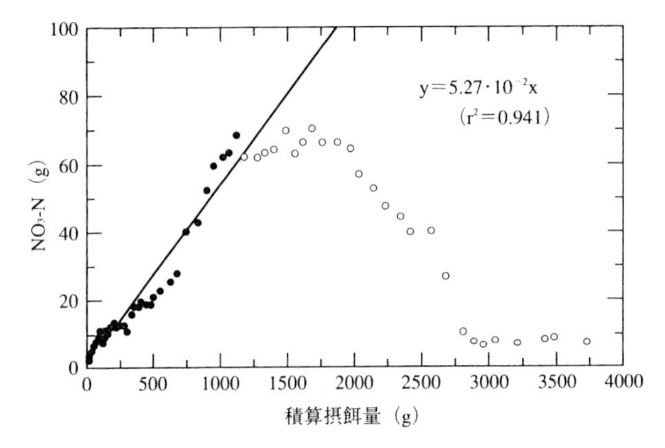

図 9・13　飼育実験-2 における積算摂餌量と飼育水（システム内の循環水を含む）に蓄積した硝酸性窒素絶対量の関係

ことから，ウナギから排泄される NH_4-N はほぼ完全に硝化されて NO_3-N になったとみなすことができる．脱窒プロセスを導入する以前の積算摂餌量 1,000 g までの積算摂餌量（x）と NO_3-N の蓄積量（y）は高い相関を示し，その回帰直線は，$y=5.27 \cdot 10^{-2}x$ （$r^2=0.941$）となった．この傾き，すなわち，摂餌した配合飼料単位重量当たりの NO_3-N 負荷量は 52.7 mg-N / g-feed となる．なお，飼育実験-1 における積算摂餌量と NO_3-N の蓄積量の回帰直線は，$y=3.81 \cdot 10^{-2}x$ （$r^2=0.96$，38.1 mg-N / g-feed）であった．この相違は，摂餌の活性によって単位飼料当たりの NH_4-N の排泄量が異なったためと推測される．

飼育実験-2 における総摂餌量は，3,727.4 g であり，C，N，および P の含

有量は，45％，7.76％，および 1.82％であるから，システムに投入した全 N 量は，289.2 g-N であり，仮に脱窒プロセスを導入しなかったとすれば，196g-N（3,727.4×0.0527＝196）の NO_3-N が飼育水に蓄積されたと推定される．しかし，飼育実験-2 では実験終了時において 6.3 g-N の NO_3-N しか蓄積せず，硝化槽の洗浄時に排出した NO_3-N（12.7 g-N）を加えたとしても，蓄積するはずの NO_3-N 量の 175g-N に相当する分は，脱窒によってシステム外に放出されたと推定される．すなわち，脱窒プロセスによって，システムに負荷された N 量のうち，NO_3-N 量でみると 89％，全 N 量でみると，61％の N が削減できたと見積もられる．

§5．まとめ

気液接触槽，硝化槽，および脱窒槽からなる魚類飼育システム（図 9･1）によって，2～3 月ヶ間にわたって淡水養殖魚ウナギの閉鎖循環式高密度飼育ができた．この間，死亡した個体は全くなく，生残率は 100％であった．気液接触槽において飼育水に酸素が効率よく溶解され，飼育水（放養時のウナギ収容率 2.3％）の DO 飽和度は常時 90％前後に維持できた．また，体表面粘質物によって生成されたと考えられる泡沫を分離することによって，体表面粘質物とろ過されにくいコロイダル様の微細懸濁物を同時に除去できた．硝化槽では，魚から排泄される NH_4-N が速やかに硝化されると同時に，主要な懸濁物除去プロセスとしても働いた．脱窒槽では，硝化によって飼育水に蓄積される NO_3-N を脱窒反応でシステム外に除去し，NO_3-N 濃度を約 7 mg-N / l まで低下できた．このシステムによって，飼育水には毒性の極めて強い NH_4-N も，高濃度で生育阻害を生ずる NO_3-N も蓄積させずに，しかも全く排水することなく閉鎖循環式飼育を達成することが可能である．

負荷削減の観点からみると，本研究で構築したシステムによって，摂餌で負荷される全炭素量の約 70％，全窒素量の約 60％（単位飼料当たりの NH_4-N 排泄量で変動する）を削減できると見積もられる．

本システムにおける今後の課題は，気液接触槽の酸素供給量による魚の限界収容密度の把握，ならびに給餌による負荷量に適した硝化槽および脱窒槽の設計指針の作成である．また，栄養塩・汚濁物を全く排出しないゼロエミッション型システムの開発を目指す場合は，飼育水に蓄積するリンと沈澱物汚泥の処理・処分に関する検討が必要である．

謝辞

本研究は水産庁の養殖場環境改善システム開発委託試験の一環として行ったものであり，種々便宜を計って頂いた全国内水面漁業協同組合連合会に厚く謝意を表する．

文　献

1）農林水産省統計情報部：漁業・養殖業生産統計年報，1997.

2）内水面漁業協同組合連合会：平成 8 年度魚類養殖対策調査報告書 - 養魚堆積物適正処理技術開発事業報告書，1997.

3）丸山俊朗，奥積昌世，佐伯昭和，島村　茂：日水誌，57，219-225（1991）.

4）丸山俊朗，奥積昌世，佐藤順幸：日水誌，62，578-585（1996）.

5）丸山俊朗，鈴木祥広，佐藤大輔，神田　猛，道下　保：日水誌，印刷中（1999）.

6）建設省：粒状ろ材固定床型好気性バイオリアクターの開発，バイオテクノロジーを活用した新排水システムの開発，土木研究センター，東京，1993，pp.572-582.

7）金子光美，藤田賢二：3.7.2 脱窒プロセス（土木学会編），技報堂出版，pp.180-182，1980.

8）丹保憲仁，亀井　翼：水道協会誌，531，15-24（1978）.

9）日本水産資源保護協会：水産用水基準，p.50，1995.

10．ニジマス中間育成への循環システムの応用

細　江　　昭*

ニジマス養殖は清冽な用水を多量に用いる流水式養殖技術により発展してきたが，近年，養殖の基本となる飼育用水は水量の減少，水質の悪化および病原体による汚染など様々な問題が生じている．

さらに，養魚排水の環境に対する負荷を考えると排水処理を行い汚濁負荷の軽減を図る必要があるが，既存の流水式養殖では使用水量が膨大なことから経済的に見合う排水処理技術の確立が難しく，この面からも少量の用水で飼育可能な養殖技術の確立が急務となってきた．

これらより，長野県では 1990 年代初めから新しい養殖形態としてマス類の循環式養殖が検討され，民間で開発した技術により種苗生産に利用されている．本稿では，その特徴と施設の構造などについて紹介する．

§1．循環型養殖の状況

1・1　特　　徴

県内に設置している循環式水槽は，ろ過槽の負担を低減するため，通常のろ過槽とは別に糞などの固形物を取り除くろ過装置を設けている．また，浄化の効率を高めるため加温により高水温に保つことを特徴としている．平均的な飼育方法は，循環水を 20℃程度に加温し，約 45 m^3 の飼育槽にふ化稚魚又は餌付け後の体重 0.15～0.2 g の稚魚 12.5 万尾を収容して約 60 日間で 2 g サイズまで育成する．飼育槽は幅 2 m，長さ 20 m 内外の水路状である．

循環養殖は用水を浄化しつつ循環して使用することから，蒸発による減少分を補う以外には注水は不必要であり，排水を行わない完全密封型の養殖が可能である．しかし本県で設置している循環型養魚システムは，前述のろ過装置から 1 日当たり約 1 m^3 の洗浄水が排水されること，ニジマスの飼育上限温度の 20℃ [1] 近辺まで加温をしているが，施設コストを下げるため冷却施設を持たな

* 長野県水産試験場

いことから，飼育水温の急激な変化や夏季の水温上昇に備えて 1 日に施設全体の水が 1 回換わる量の用水を補給する節水型の養殖である．

1·2 種苗生産上の利点

循環養殖の利点は，少量の用水で飼育できること．温度管理ができることである．本県の施設では，流水式に比べて用水を 1/50 程度に削減でき，理論的には毎秒 1 *l* の水があれば約 1トンの稚魚の飼育が可能なことから，種苗生産に欠かせない病原体フリーの用水が少ない養魚場でも生産が可能である．また，低水温の用水しか得られない山間地の養魚場でも用水を加温することにより稚魚期の成長が促進され，餌付けなどの作業が容易となる（図 10·1）．さらに，21℃の高水温飼育により種苗生産で問題となる IHN（伝染性造血器壊死症）の被害低減[2]が図れることから，防疫施設を完備した隔離飼育施設でなくとも種苗生産が可能である．

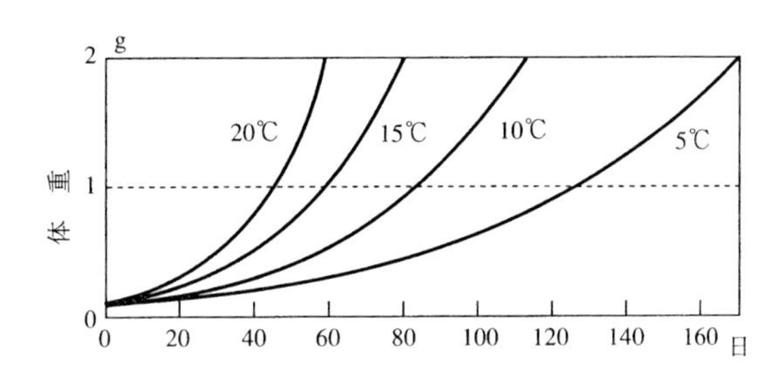

図 10·1 飼育水温と成長の関係
（ライトリッツの給餌率表×0.8 の給餌量，飼料効率 80%として算出）

§2. 施設の概要

1992 年に水産試験場で種苗生産用として設置した施設の概念を図 10·2 に，

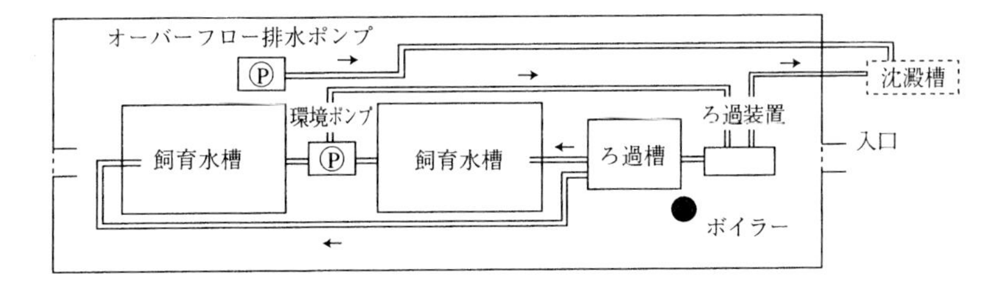

図 10·2 循環ろ過施設の概念図

主な諸元を表 10･1 に示した．設計に当たっての基本的な考え方は，循環水量を流水式養殖でニジマスを飼育するときの基準に沿って換水率 2～4 回 / 時，水温を 21℃，最大飼育量を 2 g 稚魚で 6 万尾（重量で 120 kg），ろ材表面積 1 m^2 当たりの飼育量を 140 g とした[3)]．

表 10･1　循環式飼育槽の主な諸元

建物	農業用ビニールシートハウス　L25×W3 m		
飼育槽	FRP 製　L 6.0×W1.2×H 0.5 m×2 槽		14.4 m^2　7.2 m^3
ろ過装置	自動逆洗式ろ過槽		0.10 m^3
	ろ材（化学繊維）		0.06 m^3
ろ過槽	RFP 製　L5.0×W0.9×H0.75 m		3.4 m^3
	ろ材（化学繊維）		2.35 m^3
	ろ材表面積　380 m^2 / m^3×2.35m^3		893 m^2
循環用ポンプ	0.75 Kw 水中ポンプ	12 *l* / 秒	換水率 3.6 回 / 時
補給水（地下水）		130 m *l* / 秒	換水率 1.0 回 / 日
加温用ボイラー	家庭用灯油風呂釜		20,000 Kcal / 時
ブロアー	ろ過槽，飼育槽用		ダイアフロム型 0.2Kw
温度コントローラー	電子式		
最大飼育量	120 kg		
注水量 1 *l* 当たり飼育量	923 kg / 秒		
飼育密度			
飼育槽　面積当たり	8.3 kg / m^2		
容積当たり	16.6 kg / m^3		
ろ材表面積当たり	0.13 kg / m^2		
ろ過槽／飼育槽　容積比	1：2.1		

2･1　外　部

この施設は加温をしていることから，保温と施設の保護のために農業用ビニールシートハウス造りとした．積雪の少ない地域では簡易なもので十分であるが，積雪の多い地域では鉄骨などの建物が必要である．また，ビニールシートハウスは半透明なため，上半分に遮光シートを張り飼育槽に藻が繁殖することを防いでいる（図 10･3）．

2･2　用水の循環と補給水

循環は，揚水量 12 *l* / 秒の水中ポンプにより行い，施設全体に対する換水率は 3.6 回 / 時である．補給水は 130 m*l* / 秒であり，病原体のない 12℃の地下水を用いている．また，ガス病の発生を予防するため，飼育槽に注水せずろ過槽の上流部に注水している．

2・3　固形物の除去

ろ過槽への負荷を低減し浄化効率を高めるため，前処理として市販のろ過装置で糞などの固形物を除去している．ろ過装置（図 10・4）は内容量約 100 *l* であり，ろ材として化学繊維マットを 5 cm 角に切ったものを 60 *l* 充填し，タイマーのセットにより自動的にろ材の洗浄を行うことができる．飼育量により 1 日に 4〜6 回の洗浄を行い，1 回の洗浄で約 200 *l*，1 日で約 1 m^3 の洗浄水が排水される．

図 10・3　循環飼育施設の外観

図 10・4　ろ過装置の外観

2・4　ろ過槽

飼育用水の浄化は，好気条件下で化学繊維マットのろ材に繁殖した生物膜により行う．ろ過槽は 5 槽に区切られ，飼育水をジグザグに通過させることにより接触効率をよくしている（図 10・5）．

なお，滞留時間は 4.7 分，飼育槽に対する比率は体積で 0.48，ろ材表面積は 893 m^2，ろ材表面積に対する飼育量は最大で 0.13 kg / m^2 となっている．ろ床への酸素の供給は底面に設置した散気管により行っている．

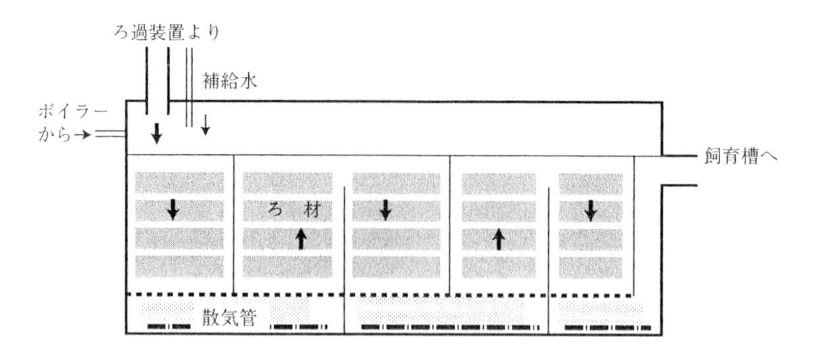

図 10·5　生物ろ過槽の構造

このろ過槽で，魚から排出されたアンモニアを亜硝酸，硝酸へと硝化して，用水浄化を行うが，浄化機能は始めから存在するわけではなく，新規施設の運転開始時および既存の施設でもろ過槽の掃除や消毒などの作業を行った後には，ろ床の馴化（ろ過槽内の微生物叢の熟成）が必要である．馴化は，無病の種苗を最大飼育の半分量で飼育し，魚の様子を見ながら給餌することにより行うが，水温を 20℃に温度を上げても 50〜60 日を要し，管理に手間と熟練がいる．馴化を早める方法として，ろ過槽に約 10 mg / l の亜硝酸イオン濃度となるように亜硝酸ナトリウムを添加して通気を行い，亜硝酸を硝酸に硝化する系を確保した後にニジマスを収容し，アンモニアの硝化系を作ることができる[4)]．この方法でも亜硝酸の硝化

図 10·6　加温用の家庭用風呂釜

が可能になるのに約30日，アンモニアの硝化が可能になるのに約20日を要するが，魚の飼育によるろ過槽馴化期間を短縮できる．

2･5 温度管理

加温用ボイラーは熱量 20,000 Kcal / 時の家庭用灯油風呂釜を使用している（図 10･6）．厳寒期でもこのボイラーで 21℃の水温を維持できる．ボイラーの制御は飼育水槽又はろ過槽の水温を検出して行う方法が最も確実で安価である．ただし，バイメタル式のコントローラーは設定温度付近で頻繁に作動を繰り返し，ボイラーの故障の原因となるので電子式コントローラーを使用する．水温表示が可能なものを用いると管理用の水温計として利用できる．

水温の管理は，ボイラーの作動のみで行うため，気温が低い時期は補給水を可能な限り絞り，気温の高い時期は水量を多くして行う．水槽などを断熱材で覆うことにより夏季の急激な温度変化への対応と冬季の加温コストの引き下げになる．

2･6 飼育槽（図 10･7）

試験用に小ロットの魚を飼う場合もあるので FRP 水槽 2 槽を設置しているが，この 2 水槽で 2 g 稚魚を最大で 120 kg 飼育する．このときの飼育密度は16.6 kg / m^3 である．飼育槽注水部は，飼育魚のとびはね防止と水槽内に整流をつくるため，シャワー状に注水している．また，循環水の停止事故に備え散気管による曝気を行っている．

図 10･7 飼育水槽

2･7 排水の処理

排水処理施設として，250 *l* の貯水槽 1 基と 300 *l* の沈澱槽 2 基を設置している．貯水槽はろ過装置から短時間に排出される洗浄水を貯留し，徐々に沈澱槽に送り出すために必要であり，沈澱槽は 1 基に注水し，沈澱物が貯まったら他の水槽に切り替え，底部から徐々に排水して沈澱物の脱水をして処理する．沈澱槽の貯留時間は約 38 分となっている．

§3．循環水槽の水質

水質の状況を図 10･8 の①〜⑤の場所で 4 時間毎に 24 時間調査し，結果を各場所における平均値で示した（表 10･2）．

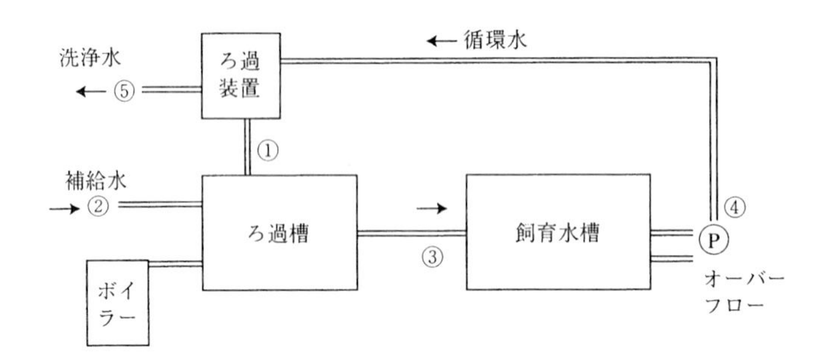

図 10･8　飼育施設の水質測定点

表 10･2　循環施設と一般養魚施設の水質

		循環施設					一般養魚施設*	
		①	②	③	④	⑤	注水	排水
WT	(℃)	21.5	12.1	21.5	21.3	20.3	10.2	9.4
DO	(mg / l)	6.4	9.1	7.1	6.3	5.7	10.6	9.2
pH		7.0	7.2	7.0	7.0	6.9	6.8	6.8
SS	(mg / l)	1.8	0.0	1.7	2.1	116.7	0.9	3.5
T-BOD	(mg / l)	5.4	0.3	5.1	5.9	43.4	1.4	2.9
D-BOD	(mg / l)	3.2	0.3	3.0	3.3	13.2	0.7	1.5
TN	(mg / l)	11.03	1.47	10.85	10.42	17.40	2.20	2.59
DTN	(mg / l)	9.95	1.34	9.84	11.43	9.84	2.23	2.58
NO_3-N	(mg / l)	8.27	1.19	8.30	8.37	8.46	2.08	2.06
NO_2-N	(mg / l)	0.22	0.00	0.23	0.22	0.26	0.00	0.01
NO_4-N	(mg / l)	0.44	0.01	0.37	0.42	0.34	0.01	0.31
TP	(mg / l)	1.45	0.05	1.44	1.46	5.25	0.02	0.11
DTP	(mg / l)	1.41	0.01	1.41	1.41	1.52	0.01	0.07
PO_4-P	(mg / l)	1.27	0.03	1.27	1.26	1.33	0.01	0.07

* 県内マス類養魚場調査（5 業者の平均値，冬期 12〜2 月）
平均池面積 2,320 m^2，飼育量 11.6 t，飼料密度 5.0 kg / m^2

この施設は 274 日間順次稚魚を収容して連続運転しており，調査時の飼育魚は平均体重 6.5 g で，給餌量は 1,000 g / 日，飼育密度は 16 kg / m^3，ろ材表面積当たり 234 g / m^2 でありろ材表面積当たりの飼育密度が基準より高い状況にあった．なお，調査時のろ過装置の作動回数は 6 回 / 日，給水量は全水容積に対し換水率 1 回 / 日の割合である．

循環水槽の飼育水③の水質を流水式養魚場の注水と比較すれば，SS で 1.9 倍，T-BOD で 3.6 倍，TN で 4.9 倍，TP で 72 倍となっている．また，同様に排水と比較すると 3 態窒素量はアンモニア態窒素ではほぼ同じであるのに対し，亜硝酸態，硝酸態窒素では遙かに大きな数字となっている．アンモニアの硝化が行われていると同時に亜硝酸，硝酸態窒素が蓄積されている状況にあった．

§4．飼育上の注意点

4･1　飼育管理

循環式養殖は流水池に比べて水質が不安定な状況の中で，バランスを保ちながら飼育をしている．アンモニア濃度などの水質の監視を定期的に行うとともに，摂餌量の変化にも注意を払い，異常があれば給餌の制限，補給水の増量による水換えを行う．飼育槽内の沈澱物は生物ろ過槽に過大な負荷をかけることを防ぐため，積極的に排除しろ過装置で捕捉して系外に出すことを考える必要がある．また，常にある程度の負荷をかけるためにも年単位の連続運転が望ましい．

施設として機械類を多く使うことからわずかな故障でも，飼育魚の死亡などの重大な結果を引き起こすことがある．機械のメンテナンスを十分に行うとともに，停電対策として自家発電装置の設置も必要である．

4･2　防疫対策

隔離飼育施設ほど厳密ではないが種苗生産を行う上で基本となる防疫対策は実施すべきである．特に，原虫症の持ち込みに注意を払う必要がある．

1）補給水は地下水などの無菌の水を使う．

2）収容する魚が原虫症に罹患していないことを確認する．

3）器具（網，タモ，バケツ，飼料容器など）を専用とする．

4）施設への出入りには長靴，手を消毒する．

白点虫などの原虫が飼育魚や用水を経由して循環水槽内に入ると施設全体にまん延し，新たな魚群を導入したときに発病を起こす．対応策としては，発病魚群の飼育終了後に食塩を濃度が3％となるように循環水に添加し，数日間運転することで防除できる．

§5．おわりに

水産養殖における環境負荷の低減を考える中で，その一方法として循環システムがニジマスの中間育成に利用されている事例について述べてきた，しかしながら循環式飼育は，流水式養殖に比べて施設費やランニングコストがかかることから，販売単価の高い稚魚の生産に限られており，かつ通常の流水式養殖では稚魚が飼育できない養魚場で，緊急避難的に行われているのが現状である．したがって排水対策を主眼にした利用は進んでいない状況である．しかしながら，養魚者自身の環境保全に対する意識も高まっており，今後，単価の高いイワナ，アユの中間育成などへの利用拡大や高水温飼育による生体防御機能の亢進などの新たな視点から利用技術が開発され，流水式飼育よりメリットが大きいと養殖業者が実感できれば，一層の利用促進が期待される．そのためにも，安価で信頼性の高いシステムの開発が望まれる．

文　献

1）日本水産資源保護協会：水産生物適水温図，11，1980．

2）江草周三：魚の感染症，恒星社厚生閣，pp.16-28，東京（1978）

3）三城　勇：循環濾過によるニジマス稚魚の飼育−1，平成4年度長野県水産試験場事業報告，26（1994）．

4）沢本良宏：循環水槽における生物濾過早期熟成方法の検討，平成7年度長野県水産試験場事業報告，27（1997）．

11. 高密度養殖プラントを用いたニジマス養殖

寺 尾 俊 郎*

ここでニジマスの養成のために使用した高密度循環式養殖装置はドイツのマンハイム，メッツ社のもので，淡水性魚類養殖，年間20トン生産用である.

魚貝類養殖装置で年間20トン以上の企業的生産規模での循環式装置の利用は1983年ころから欧米で盛んに行われるようになった.

本装置は1991年からサケ科魚類の養殖用として，わが国で初めて北海道中央部の空知支庁管内赤平市の赤平フィッシュセンターに建設設置し，使用された.

本装置の性能は飼育水槽水量179トンに維持され，そこに毎分5～10 l の用水を注入しながら，槽内水を毎分1～2トン循環して，飼育水槽内の環境水質を適正に維持して，年間20トン以上に魚類の飼育生産量を揚げることを目標としている.

また，本装置の特性としては，従来の流水式養殖法に比較してごく節水型であり，水温もほぼ一定の範囲で飼育されるため，周年を通して計画的に成育が行われるために特に寒冷な地方に見られる成長の停滞が排除されるとともに，養殖場での著しい生産量の拡大が期待される.

§1. メッツ式高密度循環式飼育装置の施設と機能

本装置の施設配置図を図11·1にまた飼育水槽と浄化槽のバイオパック槽の設置平面図と正面図は図11·2に示した.

(1) 用水貯水槽1基

養殖用水の湧き水を貯蔵するプラスチック製のタンクでその大きさは長さ2 m×幅2 m×高さ4 mである.

(2) 飼育生産槽

長さ26.4 m×幅4.1 m×深さ1.8 mで容積195トンの大きさでコンクリート製

* 北海道内水面漁業連合会

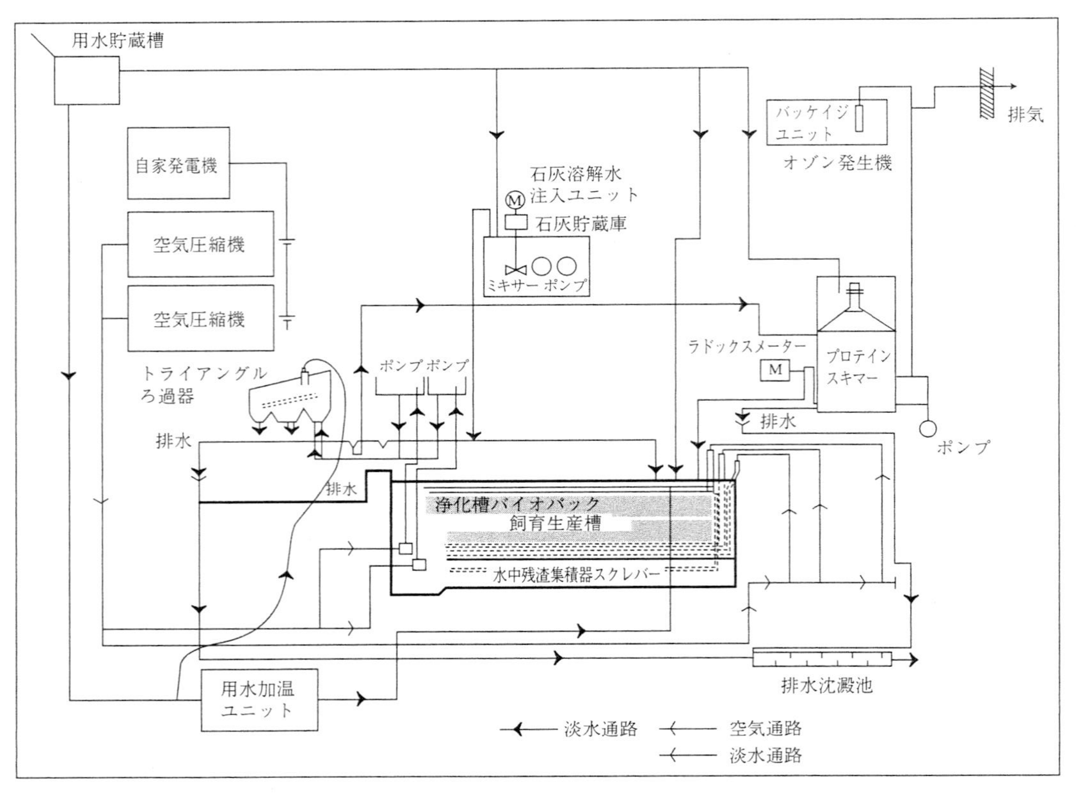

図 11·1 マンハイム，メッツ社高密度循環式養殖装置の施設配置図

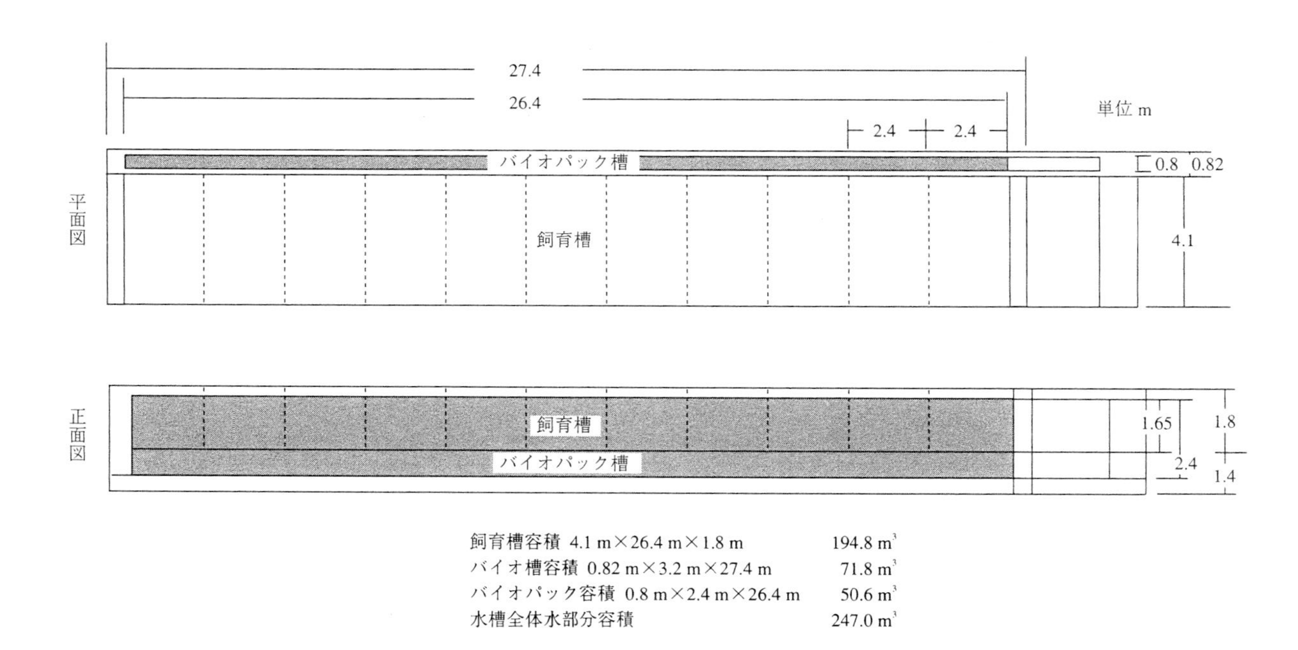

図11·2　高密度循環式水槽平面図と正面図

である．そこに水深1.65 m まで水を満たし，飼育槽の水容積は179トンである．

この飼育槽は幅2.4 m 毎に金網で11の槽に区分できるようになっている．

この飼育槽全体に対して用水の注入水量は毎分5〜10 *l* を目安とし，循環水量は最大毎分1.5トンである．

(3) 空気圧縮機（コンプレッサー）2基

2基の本機を交互に運転使用する．出力600 Nm³ / 時で最大通気量は240 m³ / 時で，1本のホースへの通気量は1.7〜2.5 m³ / 時である．

§2．本装置の管理基準

本飼育装置を適正に維持・管理するための水質目標値，生産計画，工程を表11·1に示した．

(4) オゾン発生器とスキマー

オゾン発生器は圧縮器，変圧器とオゾン発生器から出来ており，循環水が流入水するキャビネットのスキマー内に供給されて，水質の浄化に役立つ．

オゾン量の測定はレドックスメータ（酸化還元反応計）が行う．その適正な数値は300 mV〜350 mVである．

(5) 石灰投入器（ソーダ - ソリブルユニット）

バイオパック浄化槽内の好気性バクテリアの繁殖により水質の水素イオン濃度が低下するのでpH を7.0〜7.8に保持するため，石灰溶解水（18%）を循環水路に供給する装置である．

(6) 水槽底面残渣集積器（スクレバー）

各飼育生産槽からバイオパックの最底面水路に沈下した飼料や排泄物などの残渣物を右側から左側に集積する器具である．これら残渣物をフィルターを通して槽外に排出しやすくしている．

(7) バイオパック槽（バクテリア繁殖，浄化槽）

飼育生産槽に接続して，長さ26.4 m，幅0.8 m，高さ2.4 m に設置されている．この容積は50.6 m³ である．この槽の機能はコンプレッサーから送られる空気中の酸素をほぼ80%以上溶解するとともに，循環水中に発生するアンモニア態窒素など窒素化合物の無機化，硝化および脱窒素など各化学作用を行わしめる装置である．

表11.1 メッツ式高密度循環飼育装置の管理基準と工程

(1) 循環水水質維持目標

測定項目	化学式	測定限界値 (ppm)
アンモニア態窒素	NH_4-N	0.01～2.0
亜硝酸態窒素	NO_2-N	0.05～2.0
硝酸態窒素	NO_3-N	400～800
化学的酸素要求量	COD	150～1000

(2) 飼育魚生産計画目標

飼育日数	飼育尾数	日間成長率 (%)	平均個体重量 (g)
0	1416	1.5	30
30	1203	1.5	46
60	1203	1.5	72
90	1203	1.5	112
120	1203	1.5	175
150	1167	1.3	258
180	1167	1.3	380
210	1167	1.3	560
240	1167	1.1	778
270	1143	1.1	1080
300	1133	0.9	1413

(3) 飼育生産工程目標

1. 飼育水温範囲：12～17℃

2. 水中溶存酸素量：≧6mg / *l*

3. 成長

個体重量 (g)	1日の成長率 (%)	減耗率 (%)	飼料係数	配合飼料粒径
20～175	1.5	15	1：1.2	2～3 mm
175～600	1.3	3	1：1.4	3～4 mg
560～1080	1.1	2	1：1.5	4～6 mm
1080～1500	0.9	1	1：1.7	6 mm

このバイオパック槽の浄化能力は1 m^3 当たり，給与餌量1日1.5 kgからの窒素化合物を硝化する．したがって本装置では1日当たり最大給与餌量は76 kgとなり，また，飼育魚の最大収容能力は5,060 gとされる．

(8) トライアングルフィルター（ろ過器）

飼育循環水中の浮遊物やバイオパック槽の最底面に集積された残渣物を除去するためのろ過器である．このろ過器には30ミクロンの目合のろ過膜が設定されている．30ミクロン以上の大きさの残渣物が自動的に除去される．

(9) 加熱水器（ウォーターヒーティングユニット）

注入用水を毎分5 l，40℃に加温して供給する装置である．

(10) クレーン（移動用起重機）

飼育魚などの移出入のための魚の入った生簀や重量物を移動するために天井に固定してある．

§3．飼育養成法

(1) 養成期間：1992年5月11日から9月30日まで．

(2) 飼育装置：ドイツ マンハイム，メッツ社製高密度循環式養殖装置．

(3) バイオ槽に使用したバクテリア剤：天然排水および人工バクテリア剤の好気性バクテリア．

(4) 養成魚：北海道赤平市フィッシュセンター幌岡事業所屋外池で1ヶ年間飼育したニジマス1年魚と2年魚である．

1年魚は体重20～60 gの大きさのものを区分された1槽当たり85～120 kg，また，2年魚は体重150～250 gのものを1槽当たり140～160 kgを放養した．

(5) 給与飼料：使用した飼料は市販のオリエンタル酵母工業社製のマス用乾燥配合飼料の育成用3号から6号までのものを主体として表11·2のとおり各種栄養物を自家配合添加強化したものである．

1日当たりの給餌量はニジマス用給餌表により，成長とともに2週間毎に魚体重を測定して変更した．

表11·2　給与飼料の栄養物強化配合率（%）

飼料および栄養物名	外割添加率（%）
乾燥配合飼料	100
カロフィールピンク （アスタキサンチン色素剤）	0.04
飲料水	8.0
フィシュエイドC （総合ビタミン剤）	0.5
フィードオイルオメガ （食用魚油）	8.0
ネッカリッチ （木炭粉末，木酢液混合剤）	2.0

（6）水理水質調査：1 日 2 回水温，水素イオン濃度，水中溶存酸素量，アンモニウム，亜硝酸，硝酸，オゾン発生量，用水注水量，石灰投入観測測定．

（7）養成成長調査：2 週間毎に各層より 5～10 kg の魚体重を測定し，平均体重，総魚体重，餌料効率，飼料係数など算出した．

§4．高密度循環式飼育装置運転によるニジマス 1，2 年魚養成結果

4･1 飼育循環水の水理，水質結果

その結果は飼育水温，水素イオン濃度（pH），水中溶存酸素量，アンモニア態窒素量，亜硝酸態窒素量，硝酸態窒素量，オゾン量は図 11･3 に，用水注入量と石灰投入量は図 11･4 に示した．

飼育水温は飼育期間中 15～18℃の範囲に維持された．水素イオン濃度は 6.7～7.6 の範囲に，水中溶存酸素量は 8～11 ppm の範囲に維持された．

また，循環飼育水中のアンモニア態窒素量は0.7ppm以下に，亜硝酸態窒素量は 1.5 ppm 以下に，また硝酸態窒素量は 500 ppm 以下に維持された．

さらに，オゾン量のレドクス値は期間の前半は 300～450 mV に後半は 250～300 mV に維持された．

用水の注入量は飼育期間の 5 月，6 月，10 月は 1 日当たり 15 m^3 以下に維持されたが 7 月，8 月は 10～30 m^3 と変動が大きかった．

これらの結果は当初に示された本装置の循環水理水質維持目標の値にほぼ適正に維持された．

4･2 飼育養成結果

飼育期間中，全水槽でのへい死尾数と給与餌料量は図 11･4 に示した．

全体的にへい死尾数も少なく，魚体の成長とともに給与餌料量も増加し，しかも摂餌行動も活発に行われ，ほぼ順調に飼育養成された．

（1）生残率

飼育養成したニジマス 1 年魚，2 年魚と全尾数での飼育経過日数毎の生残率は表 11･3 に示した．

1 年魚では飼育期間 141 日後で 93.4%，2 年魚では 124 日後で 98.9%であった．また，全尾数群では 93.8%で良好であった．

この 1 年魚，2 年魚の 1 日当たりの平均減耗率から 6 ヶ月後と 12 ヶ月後の生

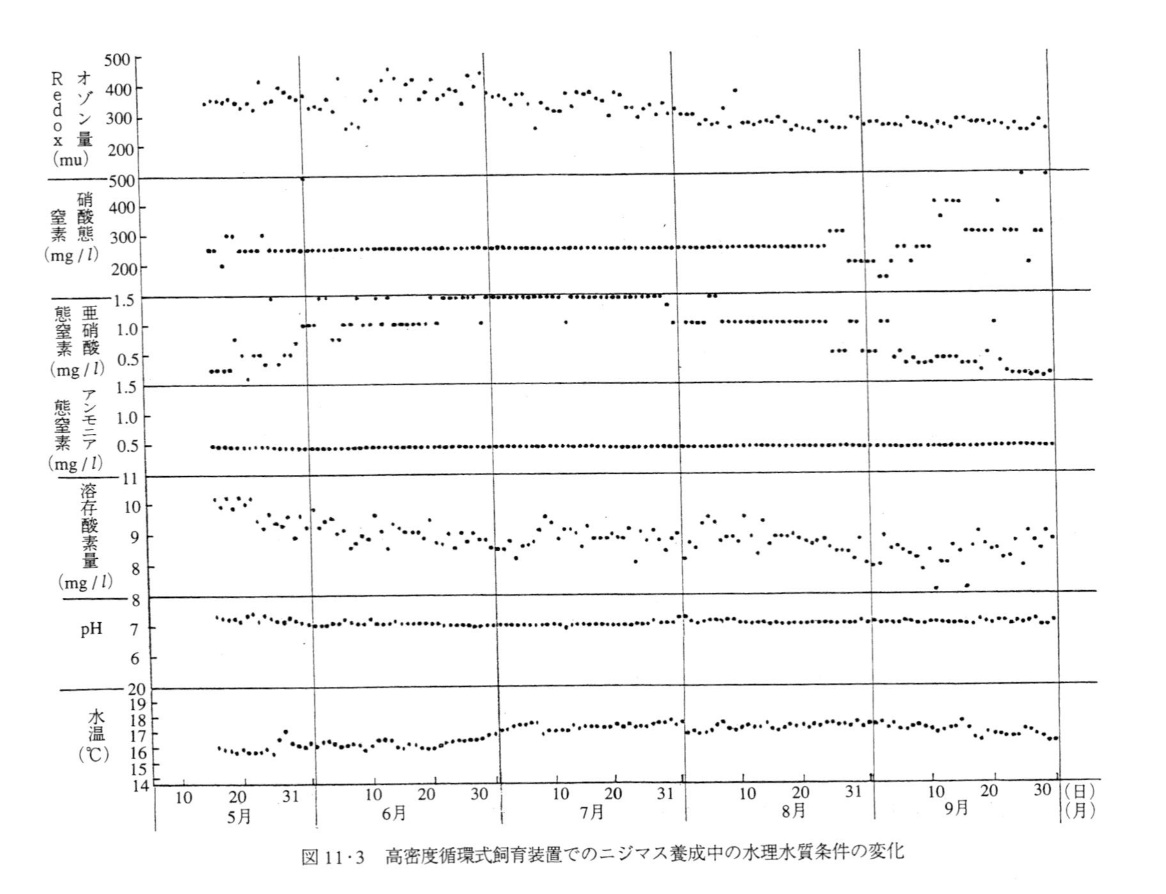

図11·3　高密度循環式飼育装置でのニジマス養成中の水理水質条件の変化

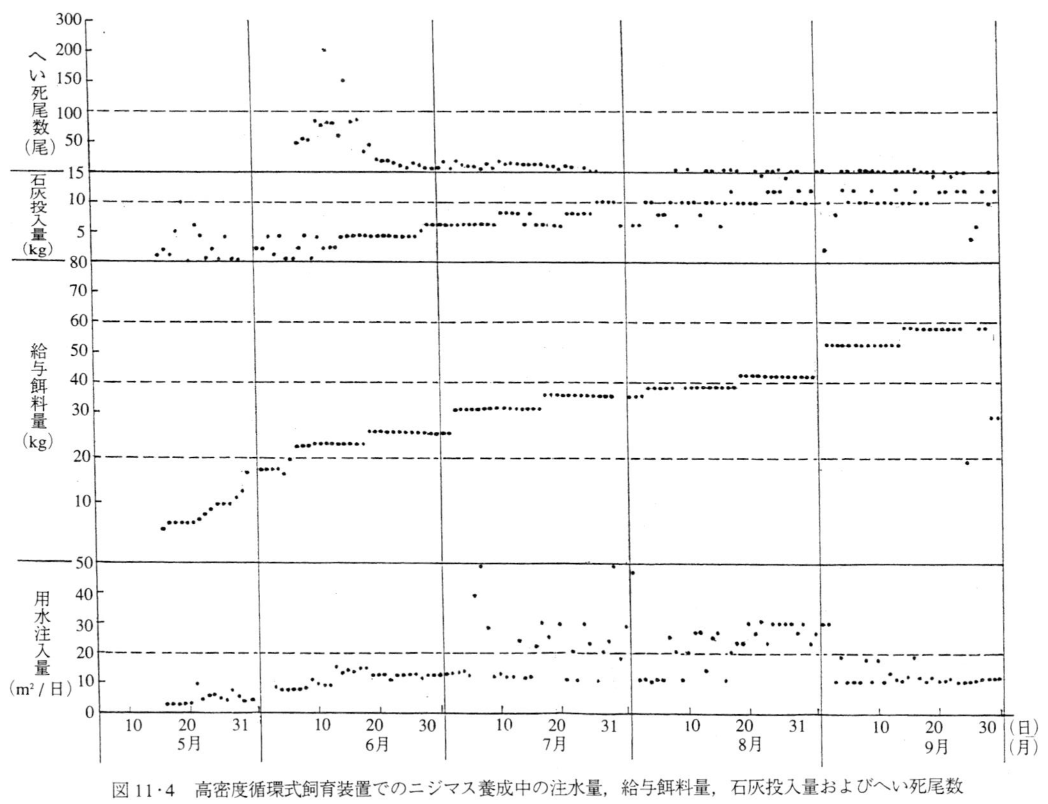

図 11·4　高密度循環式飼育装置でのニジマス養成中の注水量，給与餌料量，石灰投入量およびへい死尾数

残率を算出するとニジマス 1 年魚では 6ヶ月後で 91.58%，12ヶ月で 83.16%となる．2 年魚では6ヶ月で 98.40%，12ヶ月で 96.80%となる．

表 11･3　飼育養成したニジマス1年魚と2年魚の経過日数による飼育日数と生残率

魚種，年齢	ニジマス 1 年魚			ニジマス 2 年魚		
飼育年月日	経過日数	飼育尾数	生残率（%）	経過日数	飼育尾数	生残率（%）
'92,5,12	0	8,096	100			
5,15	3	10,761	100			
5,29	17	10,706	99.5	0	1,492	100
6, 5	24	19,803	99.7			
6, 9	28	19,710	99.3	11	1,488	99.7
6,18	37	18,978	95.6	20	1,485	99.5
7, 2	51	18,812	94.8	34	1,485	99.5
7,17	66	18,667	94.0	49	1,479	99.1
8, 3	83	18,662	94.0	66	1,476	98.9
8,17	97	18,610	93.7	80	1,476	98.9
8,31	111	18,582	93.6	94	1,476	98.9
9,14	125	18,556	93.5	108	1,475	98.9
9,30	141	18,538	93.4	124	1,475	98.9
当初	0	19,853	100	0	1,492	100
終了時	141	18,538	93.4	124	1,475	98.9
1 年魚 2 年魚全数	当初				21,345	100
	終了時				20,013	93.8

(2) 成長について

ニジマス 1 年魚は 2 号槽から 8 号槽までの全体の 2 週間毎の平均個体体重の実質成長曲線は図 11･5 に，また，ニジマス 2 年魚の 9 号槽と 10 号槽全体の 2 週間毎の平均個体体重の実質成長曲線は図 11･6 にそれぞれ示した．

また，本飼育装置の生産工程目標から算出された標準成長曲線も同時に示した．表 11･4 にはこれらニジマス 1 年魚，2 年魚の各経過日数による実測平均個体体重と目標平均個体体重を示した．

その結果は実質成長はニジマス 1 年魚，2 年魚とも全期間を通してほぼ目標通りに成長させることができ，順調に養成が行われた．

しかし，飼育経過日数 80 日後でやや成長が低下した．

(3) 総魚体重量の増加について

本循環式飼育装置の最大飼育収容総魚体重量はバイオパック槽の浄化能力に深く関連しており，魚体の成長に伴う，飼育槽内の総魚体重量の変化は重要である．ニジマス1年魚，2年魚および全魚体の飼育経過日毎の飼育総魚体重量の変化を表 11·4 と図 11·7 にそれぞれ示した．

その結果は飼育養成当初 324 kg から終了時の 9 月 30 日で 3,400 kg となり，飼育日数 138 日後で約 10 倍以上に増大した．

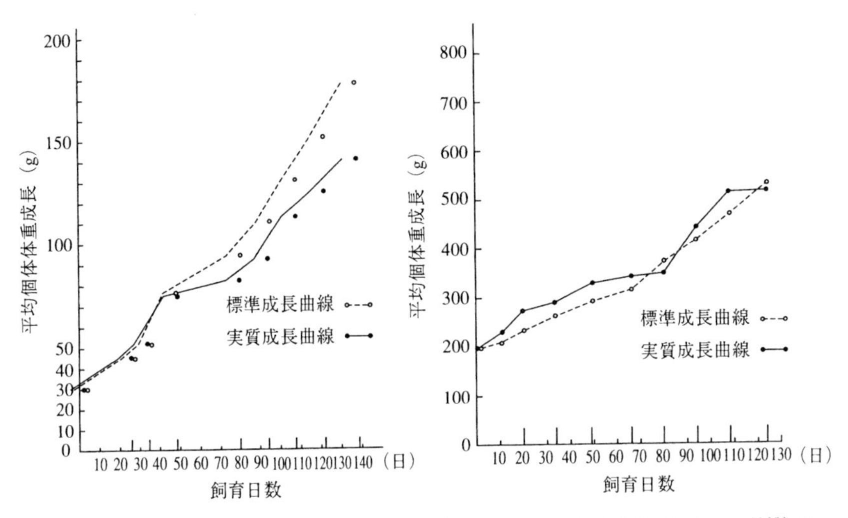

図 11·5　ニジマス 1 年魚（2 号～8 号槽）の飼育日数と平均個体体重成長関係

図 11·6　ニジマス 2 年魚（9 号～10 号槽）の飼育日数と平均個体体重成長関係

表 11·4　飼育養成したニジマス 1 年魚と 2 年魚の各経過日数による平均個体体重成長（g）

魚種，年齢	ニジマス 1 年魚			ニジマス 2 年魚		
年月日	経過日数	実測体重 g	目標体重 g	経過日数	実測体重 g	目標体重 g
						**
5,15	0	30	*30			
5,29				0	201	201
6, 9	25	45	45	11	232	218
6,18	34	51.4	51.3	20	278	235
7, 2	48	64.7	62.6	34	295.6	263
7,17	63	73.9	75.9	49	333.4	297
8, 3	80	82.3	94.2	66	345.0	341
8,17	94	92.8	111.0	80	357.0	382
8,31	108	113.3	130.8	94	455.0	428
9,14	122	125.4	151.4	108	527.7	480
9,30	138	141.1	178.6	124	528.8	546

注：* 飼料効率 75%　** 飼料効率 62.5%

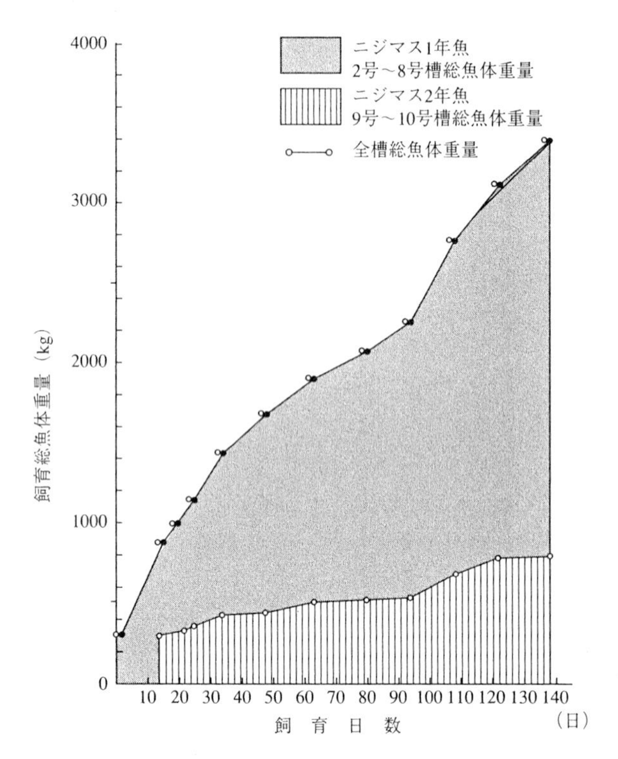

図11·7　ニジマス1年魚群，2年魚群と全魚群の飼育日数による飼育総魚体重量変化

（4）飼料効率（飼料係数）

飼育経過日数毎にニジマス1年魚，2年魚および全魚体の魚体増重量と給餌量から飼育効率を算出し，さらに飼育効率の逆数値を餌料係数として示した．

その結果を表11·5と図11·8にそれぞれ示した．

その各々の数値からニジマス1年魚では経過日数80日後の35.3%（2.83）から122日後の153.0%（0.65）まで変化があり，全期間を通して平均77.0%（1.30）で目標値の75.0%（1.33）を上回り良好な結果となった．

また，ニジマス2年魚は経過日数138日後の0.70%（147.0）から34日後の164.3%（0.61）まで大きく変動し，平均で57.3%（1.74）で目標値62.5%（1.6）をやや下回った．

表11·5 循環式装置で飼育したニジマス1年魚，2年魚および全数魚の経過日数による総魚体重，増重量，給餌量と餌料効率，飼料係数

魚種年齢		ニジマス1年魚				ニジマス2年魚				ニジマス1年魚，2年魚全数魚			
月 日	経過日数	総魚体重 kg	増重量 kg	給餌量 kg	餌料効率 飼料係数	総魚体重 kg	増重量 kg	給餌量 kg	餌料効率 飼料係数	総魚体重 kg	増重量 kg	給餌量 kg	餌料効率 飼料係数
5,15	0	324								324			
5,29	14	571				300				871			
6,5	21	678				330				1,008			
6,9	25	786	108	119	90.8%	346	47	42	111.9%	1,132	155	161	96.3%
					1.10				0.89				1.03
6,18	34	1,013	123	154	79.9%	415	69	42	164.3%	1,428	192	196	98.0%
					1.26				0.61				1.02
7,2	48	1,228	240	248	96.8%	439	25	78	32.1%	1,667	265	326	81.3%
					1.03				3.11				1.23
7,17	63	1,390	172	328	52.4%	493	55	105	52.4%	1,883	227	433	52.4%
					1.91				1.91				1.98
8,3	80	1,541	153	434	35.3%	509	18	113	15.9%	2,050	171	547	31.3%
					2.83				6.28				3.19
8,17	94	1,726	194	389	49.9%	527	18	94	19.1%	2,253	212	483	43.9%
					2.00				5.23				2.27
8,31	108	2,110	389	438	88.8%	672	145	99	146.5%	2,782	534	537	99.4%
					1.12				0.68				1.00
9,14	122	2,330	814	532	153.0%	779	108	128	84.4%	3,109	922	660	139.7%
					0.65				0.78				0.71
9,30	138	2,620	292	587	49.7%	780	1	147	0.70%	3,400	293	734	39.9%
					2.01				147.0				2.50
全期間合計			2,485	3,229	77.0%		486	848	57.3%		2,971	4,077	72.9%
					1.30				1.74				1.37

全体魚での飼料効率は平均72.9％（1.37）でほぼ目標値に近かった．

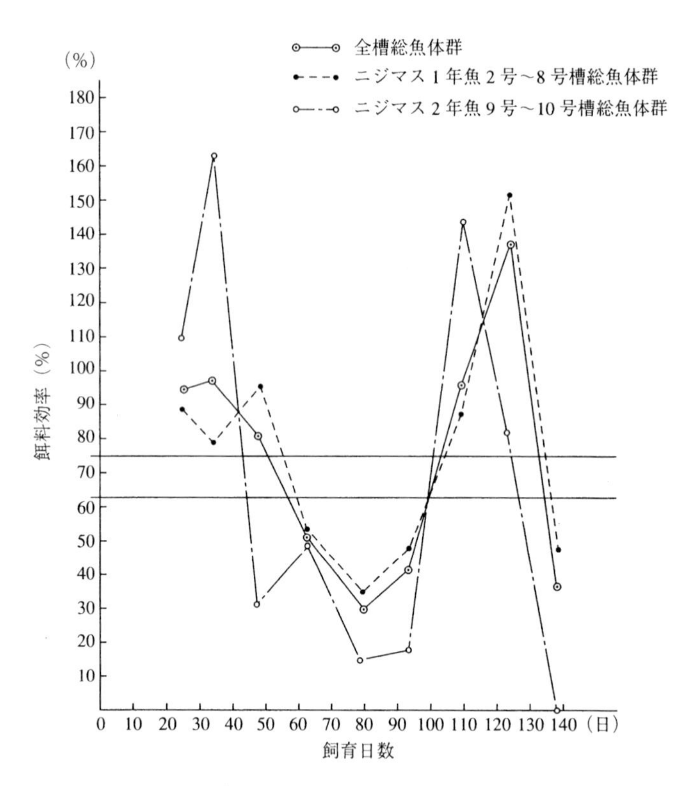

図11・8　ニジマス1年魚群，2年魚群と全魚群の飼育日数による飼料効率の変化

§5．高密度循環式養殖装置の評価

本飼育養成装置を運転しニジマス1年魚，2年魚を飼育養成し，循環水の水理水質を養殖可能な用水基準目標値に維持し，養成目標の成長，生残率，飼料効率を維持できる結果が得られた．

これらの結果から，本装置を用いてニジマスの生産を十分に行い得ることが明かになった．今後さらに，使用するバクテリア剤，バイオパック槽の大きさや飼料に栄養としての脂肪，ビタミン剤や免疫増進物質，さらには排泄物の吸着分解に役立つ木炭などの添加強化した配合飼料量に配慮することにより一層の適正な養殖生産が行われ得るものと思われる．

本装置の排泄物の水質浄化能力から飼育魚の最大収容能力 5トンを目標に，図 11･9 に示すニジマス 1 年魚，2 年魚の成長推定基準曲線を使用して，最大の生産能力を揚げるように図り，年間の飼育生産量が 15トン以上となる成果を得ることが可能となるであろう．

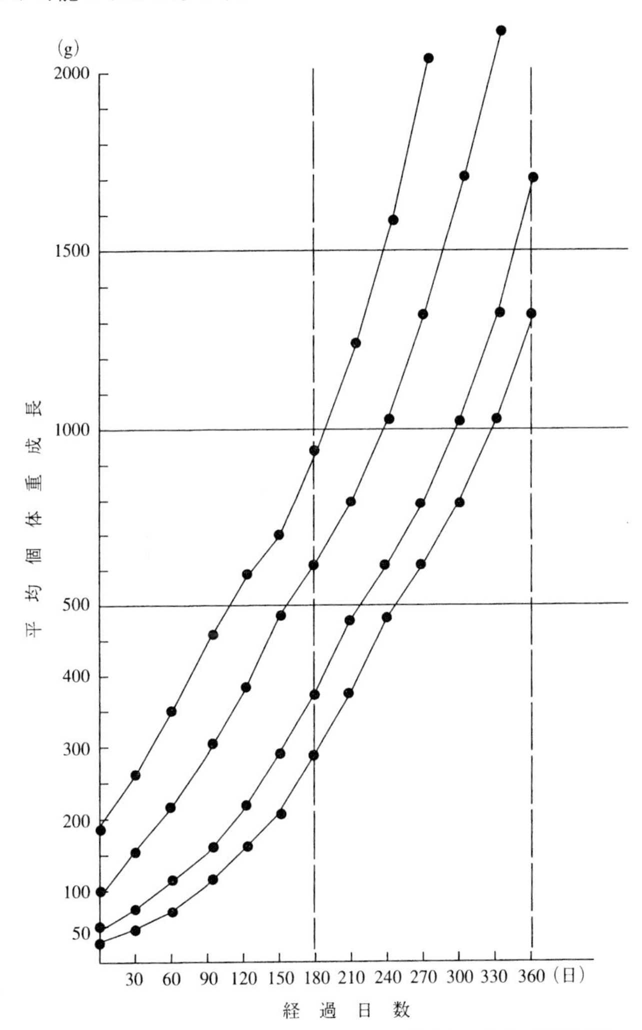

図 11･9　高密度循環式飼育装置でのニジマス 1 年魚と 2 年魚の経過日数による平均個体体重成長推定基準曲線

文　献

1）S. Spotte : Fish and invertebrate culture, water management in closed systems. second edi. A Wiley-Intersci. pp179. (1979).

2）J. E. Hunguenin and J. Colt : Design and operating guide for aquaculture seawater systems. Elsevier publ. pp. 264 (1989).

3）シーコーレンス社：西独メッツ，マンハイム社製高密度魚類養殖の最新技術資料，pp.8 (1990).

4）Mannheim Metz Co. : Operating manual of aquaculuture closed system. pp.73 (1991).

5）寺尾俊郎：メッツ式高密度魚類飼育装置によるニジマス1, 2年魚の養成試験結果(1). 赤平フイッシュセンター試験報告書. pp.33.

6）清水雅人：同上　報告書 (2). pp.21.

7）清水雅人：同上　報告書 (3). pp.16.

水産学シリーズ〔123〕　　定価はカバーに表示

水産養殖とゼロエミッション研究

Reduction of environmental emissions from aquaculture

平成11年10月1日発行

編　者　日野明徳
　　　　丸山俊朗
　　　　黒倉　寿

監　修　社団法人 日本水産学会
〒108-0075　東京都港区港南　4-5-7
東京水産大学内

発行所　〒160-0008
東京都新宿区三栄町8
Tel　(3359) 7371 (代)
Fax　(3359) 7375
株式会社 恒星社厚生閣

 興英文化社印刷・風林社塚越製本

水産学シリーズ〔123〕
水産養殖とゼロエミッション研究
(オンデマンド版)

2016年10月20日発行

編　者　　日野明徳・丸山俊朗・黒倉 寿
監　修　　公益社団法人日本水産学会
〒108-8477　東京都港区港南4-5-7
東京海洋大学内

発行所　　株式会社 恒星社厚生閣
〒160-0008　東京都新宿区三栄町8
TEL　03(3359)7371(代)　FAX　03(3359)7375

印刷・製本　　株式会社 デジタルパブリッシングサービス
URL　http://www.d-pub.co.jp/

AJ593

ISBN978-4-7699-1517-1　　Printed in Japan